追溯生命足迹

ZHUISU SHENGMINGZUJI

吴皮◎编著

集知识、故事、欣赏于一体！
生物爱好者必备！

完全
典藏版
探索生物密码

中国出版集团
现代出版社

图书在版编目（CIP）数据

追溯生命足迹／吴波编著．—北京：现代出版社，
2013.1 （2024.12重印）

（探索生物密码）

ISBN 978 - 7 - 5143 - 1035 - 1

Ⅰ.①追… Ⅱ.①吴… Ⅲ.①物种 - 青年读物②物种
- 少年读物 Ⅳ.①Q111.2 - 49

中国版本图书馆 CIP 数据核字（2012）第 292906 号

追溯生命足迹

编　　著	吴　波	
责任编辑	刘春荣	
出版发行	现代出版社	
地　　址	北京市朝阳区安外安华里 504 号	
邮政编码	100011	
电　　话	010 - 64267325　010 - 64245264（兼传真）	
网　　址	www. xdcbs. com	
电子信箱	xiandai@ cnpitc. com. cn	
印　　刷	唐山富达印务有限公司	
开　　本	710mm×1000mm　1/16	
印　　张	12	
版　　次	2013 年 1 月第 1 版　2024 年 12 月第 4 次印刷	
书　　号	ISBN 978 - 7 - 5143 - 1035 - 1	
定　　价	57.00 元	

前 言

"进化"一词来源于拉丁文 evolution，原义为"展开"，一般指事物的逐渐变化、发展，由一种状态过渡到另一种状态。1762 年，瑞士学者邦尼特最先将此词应用于生物学中。

生物进化的基本单位是种群而非个体。生物界的历史发展表明，生物进化是从水生到陆生、从简单到复杂、从低等到高等的过程，从中呈现出一种进步性发展的趋势。

生物进化的道路是曲折的，除进步性发展外，还表现出种种特殊的复杂情况，例如特化现象。

特化不同于全面的生物学的完善化，它是生物对某种环境条件的特异适应。这种进化方向有利于一个方面的发展却减少了其他方面的适应性，如马足由多趾演变为适于奔跑的单蹄。

当然，在进化史上，还存在着一种可怕的现象——当环境条件变化时，一些生物类型往往由于不能适应而导致灭绝。

生物灭绝又叫生物绝种，它并不总是匀速的，逐渐进行的，经常会有大规模的集群灭绝，整科，整目甚至整纲的生物在很短的时间内彻底消失或仅有极少数残存下来，我们称之为物种灭绝。大规模的集群灭绝有一定的周期性，大约 6300 万年就会发生一次，但物种灭绝对动物的影响最大，而陆生植物的集群灭绝不像动物那样显著。

　　进入新生代，人类诞生以来，特别是人类进入文明社会以来，物种的灭绝大大加速了。美洲乳齿象等美洲的大型哺乳动物的灭绝可能与人类进入美洲有关。最近一二百年来生物灭绝的速度达到空前，并且是同时发生在动物界和植物界。北美的旅鸽从几十亿只到绝种只有几十年的时间。现在 9000 余种鸟中有将近 1000 种的生存状态受到严重威胁，有很多动物只剩下了几十或几百只，像白鳍豚等动物的绝种几乎是可以预料的事。

　　如今，生物受到有史以来最为严重的威胁。许多人都在思考着同样一个问题——我们能留给下一代什么？是尽可能丰富的世界，还是一个生物种类日渐贫乏的地球？也有不少人惊恐地自问：不曾孤独来世的人类，难道注定要孤独地离开？

　　答案也许可以从 150 年前一位印第安酋长的话中找到——"地球不属于人类，而人类属于地球"。

　　改变现实首先要回首过去。现在，就让我们一起翻开这本《追溯生命足迹》，拨开生物进化的历史积尘，回眸物种的进化历程，去了解那些曾经在地球上存在过、最终又走向灭绝的各种生物吧……

　　本书清晰明了，通俗易懂，并且配有精美的插图，我们相信，读者朋友一定会喜欢上这本书，并且在读完之后，会对我们生存的地球有一个更好的理解。

目 录

物种的进化与灭绝

地球的起源 ……………………………………………… 1

地质年代的划分 ………………………………………… 7

生命的起源 ……………………………………………… 12

化石：物种存在的直接证据 …………………………… 18

物种的起源 ……………………………………………… 26

物种的形成 ……………………………………………… 32

物种的进化 ……………………………………………… 38

物种进化简史 …………………………………………… 43

物种灭绝简史 …………………………………………… 50

前寒武纪的物种灭绝

前寒武纪简介 …………………………………………… 55

前寒武纪的物种 ………………………………………… 59

震旦纪灭绝的物种 ……………………………………… 61

古生代的物种灭绝

古生代简介 ……………………………………………… 67

古生代的物种进化 …………………………………… 70

奥陶纪物种进化与灭绝 ……………………………… 76

泥盆纪简介 …………………………………………… 80

泥盆纪的物种及进化 ………………………………… 84

泥盆纪灭绝的物种 …………………………………… 87

二叠纪简介 …………………………………………… 92

二叠纪灭绝的物种 …………………………………… 95

中生代的物种灭绝

中生代简介 …………………………………………… 104

三叠纪的物种进化与灭绝 …………………………… 109

侏罗纪简介 …………………………………………… 112

侏罗纪的物种进化 …………………………………… 115

侏罗纪灭绝的物种 …………………………………… 120

白垩纪简介 …………………………………………… 130

白垩纪的物种进化与灭绝 …………………………… 133

白垩纪灭亡的物种 …………………………………… 137

恐龙大灭绝的原因猜测 ……………………………… 148

新生代的物种灭绝

新生代简介 …………………………………………… 155

新生代的物种进化 …………………………………… 160

新生代灭绝的哺乳动物 ……………………………… 166

新生代灭绝的鸟类 …………………………………… 176

物种的进化与灭绝

地球是人类的摇篮，但是在 38 亿年前，茫茫大地还是一片荒芜，没有丝毫生机。后来在汹涌澎湃的海洋中，无机物开始合成有机小分子，闪电轰击和岩浆喷发使得有机小分子合成有机大分子，生物大分子之间的相互作用最终演化出原始生命。随后，原始生命向着不同的方向演化，出现了今天种类繁多的生物物种，使地球充满了活力，形成了如今多姿多彩的生物世界。

自人类诞生以来，人类从没有间断过对自己居住的这个星球的探索，尤其是在物种进化和生命起源问题上。人们总是在不断地问自己：地球上共出现过多少种生物？这些生物之间存在怎样的进化关系？物种是否发生过灭绝现象？

地球的起源

地球是怎样起源的？许多人都想揭开这个谜。有人说地球是上帝创造的；有人说地球是宇宙中物质自然发展的必然结果。这两种针锋相对的意见反映了唯心主义和唯物主义两种对立的宇宙观。

唯心主义认为，地球和整个宇宙都是依神或上帝的意思创造出来的。300

多年前，爱尔兰一个大主教公开宣称："地球是公元前4004年10月23日一个星期天的上午9时整被上帝创造出来的。"在中国古代，人们认为远古的时候还没有天地，宇宙间只有一团气，它迷迷茫茫、混混沌沌，谁也看不清它的底细，在1.8万年前，盘古一板斧劈开了天地，才有了日月星辰和大地。

上帝创造了地球和盘古开天辟地这两种说法显然站不住脚。那么，地球究竟是如何起源的呢？要了解地球的起源，就必须了解太阳的起源，因为地球和太阳的起源是分不开的。

历史上第一个试图科学地解释地球和太阳系起源问题的是康德和拉普拉斯两位著名学者。康德是德国哲学家，拉普拉斯则是法国的一位数学家。他们认为太阳系是由一个庞大的旋转着的原始星云形成的。

原始星云是由气体和固体微粒组成的，它在自身引力作用下不断收缩。星云体中的大部分物质聚集成质量很大的原始太阳。

与此同时，环绕在原始太阳周围的稀疏物质微粒旋转的加快便向原始太阳的赤道面集中，密度逐渐增大，在物质微粒间相互碰撞和吸引的作用下渐渐形成团块，大团块再吸引小团块就形成了行星。行星周围的物质按同样的过程形成了卫星。这就是康德—拉普拉斯星云说。

拉普拉斯

星云说认为地球不是上帝创造的，也不是以某种巧合或偶然中产生的，而是自然界矛盾发展的必然结果。恩格斯曾高度赞扬了康德的"星云说"。他指出"康德关于目前所有的天体都从旋转的星云团产生的学说，是从哥白尼以来天文学取得的最大进步。认为自然界在时间上没有任何历史的观念，第一次被动摇了。"

然而，由于历史条件的限制，这个星云说也存在一些问题；但它认为整个太阳系包括太阳本身在内，是由同一个星云主要是通过万有引力作用而逐渐形成的这个根本论点，在今天看来仍然是正确的。

关于地球和太阳系起源还有许多假说，如碰撞说、潮汐说、大爆炸宇宙说等等。自20世纪50年代以来，这些假说受到越来越多的人质疑，星云说又跃居统治地位。国内外的许多天文学家对地球和太阳系的起源不仅进行了一般理论上的定性分析，还定量地、较详细论述了行星的形成过程，他们都认为地球和太阳系的起源是原始星云演化的结果。

我国著名天文学家戴文赛认为，在50亿年之前，宇宙中有一个比太阳大几倍的大星云。这个大星云一方面在万有引力作用下逐渐收缩，另外在星云内部出现许多湍涡流。于是大星云逐渐碎裂为许多小星云，其中之一就是太阳系前身，称之为"原始星云"，也叫"太阳星云"。由于原始星云是在湍涡流中形成的，因此它一开始就不停地旋转。

原始星云在万有引力作用下继续收缩，同时旋转加快，形状变得越来越扁，逐渐在赤道面上形成一个"星云盘"。

组成星云盘的物质可分为"土物质"、"水物质"、"气物质"。这些物质在万有引力作用下，又不断收缩和聚集，形成许多"星子"。星子又不断吸积、吞并，中心部分形成原始太阳，在原始太阳周围形成了"行星胎"。原始太阳和行星胎进一步演化，而形成太阳和八大行星，进而形成整个太阳系。我们居住的地球，就是八大行星之一。这就是现代星云说。

除星云说以外，苏联科学家施密特的"陨石说"也产生了很大的影响。

施密特根据银河系的自转和陨石星体的轨道是椭圆的理论，认为太阳系星体轨道是一致的，因此陨星体也应是太阳系成员。

1944年，施密特提出了"陨石说"的假说：在遥远的古代，太阳系中只存在一个孤独的恒星——原始太阳，在银河系广阔的天际沿自己轨道运行。在大约60亿~70亿年前，当它穿过巨大的黑暗星云时，便和密集的陨石颗粒、尘埃质点相遇，它便开始用引力把大部分物质捕获过来。其中一部分与它结合，而另一些按力学的规律，聚集起来围绕着它运转，及至走出黑暗星云。这时这个旅行者不再是一个孤星了。它在运行中不断吸收宇宙中陨体和尘埃团，由于数不清的尘埃和陨石质点相互碰撞，于是便使尘埃和陨石质点相互焊接起来，大的吸小的，体积逐渐增大，最后形成几个庞大行星。行星在发展中又以同样方式捕获物质，形成卫星。

这就是施密特的"陨石说"。根据这一学说，地球在天文期大约有两个阶段：

第一个阶段是行星萌芽阶段，即星际物质（尘埃，硕体）围绕太阳相互碰撞，开始形成地球的时期。

地　球

第二个阶段是行星逐渐形成阶段。在这一阶段中，地球形体基本形成，重力作用相当显著，地壳外部空间保持着原始大气。由于放射性蜕变释热，内部温度产生分异，重的物质向地心集中，又因为地球物质不均匀分布，引起地球外部轮廓及结构发生变化，亦即地壳运动形成，伴随灼热融浆溢出，形成岩侵入活动和火山喷发活动。

从第二阶段起，地球发展由天文期进入到地质时期。地质时期我们将在下一节中再详细介绍。

现在，我们知道了地球是如何形成的。那么，地球从形成到现在有多少年了呢？从远古时期开始，人类就一直在苦苦思索着这个问题。

玛雅人把公元前 3114 年 8 月 13 日奉为"创世日"；犹太教说"创世"是在公元前 3760 年；英国圣公会的一个大主教推算"创世"时间是公元前 4004 年 10 月里的一个星期日；希腊正教会的神学家把"创世日"提前到了公元前 5508 年。著名的科学家牛顿则根据《圣经》推算地球有 6000 多岁。而我们中华民族的想象则更大胆，神话故事"盘古开天地"中说：宇宙初始犹如一个大鸡蛋，盘古在黑暗混沌的蛋中睡了 18000 年。他一觉醒来，便用斧劈开天地。就这样，又过了 18000 年，天地便形成了。

即便以"盘古开天地"的日子作为地球诞生之日，那么，它离地球的实际年龄 46 亿年仍是差之甚远。那么，人们是用什么科学方法推算地球年龄的呢？那就是天然计时器。

最初，人们把海洋中积累的盐分作为天然计时器。认为海中的盐来自大陆的河流，便用每年全球河流带入海中的盐分的数量，去除海中盐分的总量，算出现在海水盐分总量共积累了多少年，就是地球的年龄。结果，人们得出的数据是 1 亿年。显然，这个方法并不能计算出地球的年龄。

于是，人们又在海洋中找到另一种计时器——海洋沉积物。据估计，每 3000～10000 年，海洋里可以堆积 1 米厚的沉积岩。地球上的沉积岩最厚的地方约 100 千米，由此推算，地球年龄约在 3 亿～10 亿年。这种方法忽略了在有这种沉积作用之前地球早已形成。所以，结果还是不正确。

几经波折，人们终于找到一种稳定可靠的天然计时器——地球内放射性元素和它蜕变生成的同位素。放射性元素裂变时，不受外界条件变化的影响。如原子量为 238 的放射性元素——铀，每经 45 亿年左右的裂变，就会失去原来质量的一半，蜕变成铅和氧。科学家根据岩石中现存的铀量和铅量，就可以算出岩石的年龄了。

地壳是岩石组成的，于是又可得知地壳的年龄是大约 30 多亿年。岩石的年龄加上地壳形成前地球所经历的一段熔融状态时期，就是地球的年龄了。科学家据此测算出地球约 46 亿岁。

今天，通过天文观测以及星际的宇宙航行，特别是射电天文望远镜的日趋完善，

射电天文望远镜

人们对地球和太阳系起源的认识已经达到了相当深的程度，但是这种认识还很不完善，仍然存在着许多疑点和问题，有待我们进一步去探测和研究。

知识点

射电望远镜

　　射电望远镜是指观测和研究来自天体的射电波的基本设备，可以测量天体射电的强度、频谱及偏振等量。包括收集射电波的定向天线，放大射电信号的高灵敏度接收机，信息记录、处理和显示系统等。

　　经典射电望远镜的基本原理和光学反射望远镜相似，投射来的电磁波被一精确镜面反射后，同相到达公共焦点。用旋转抛物面作镜面易于实现同相聚焦，因此，射电望远镜天线大多是抛物面。

延伸阅读

太阳系简介

　　太阳系是以太阳为中心，和所有受到太阳的引力约束的天体的集合体。

　　广义上，太阳系的领域包括太阳，4颗像地球的内行星，由许多小岩石组成的小行星带，4颗充满气体的巨大外行星，充满冰冻小岩石、被称为柯伊伯带的第二个小天体区。在柯伊伯带之外还有黄道离散盘面和太阳圈，和依然属于假设的奥尔特云。

　　依照至太阳的距离，行星依序是水星、金星、地球、火星、木星、土星、天王星和海王星，8颗中的6颗有天然的卫星环绕着。

　　在英文天文术语中，因为地球的卫星被称为月球，这些卫星在英语中习惯上亦被称为"月球"，在中文里面用卫星更为常见。

在外侧的行星都有由尘埃和许多小颗粒构成的行星环环绕着，而除了地球之外，肉眼可见的行星以五行为名，在西方则全都以希腊和罗马神话故事中的神仙为名。

五颗矮行星是冥王星、柯伊伯带内已知最大的天体之一鸟神星与妊神星、小行星带内最大的天体谷神星和属于黄道离散天体的阋神星。

地质年代的划分

地质年代的划分是将地球上不同时期的岩石和地层，按形成的时间（年龄）先后进行的排序。地质年代可分为相对年代和绝对年龄（或同位素年龄）两种。

相对地质年代：是指岩石和地层之间的相对新老关系和它们的时代顺序。地质学家和古生物学家根据地层自然形成的先后顺序，将地层分为4宙8代16纪。在各个不同时期的地层里，大都保存有古代动、植物的标准化石。各类动、植物化石出现的早晚是有一定顺序的，越是低等的，出现得越早，越是高等的，出现得越晚。

绝对年龄：是根据岩石中某种放射性元素及其蜕变产物的含量而计算出岩石生成后距今的实际年数。越是老的岩石、地层距今的年数越长。每个地质年代单位应为开始于距今多少年前，结束于距今多少年前，这样便可计算出共延续多少年。例如，中生代始于距今2.5亿年前，止于6500万年前，延续1.2亿年。

地质年代的测定

如何测定化石的地质年代呢？现在主要运用放射性元素的方法。放射性元素以自己恒定的速度进行衰变，不受外界温度和压力的影响。在一定时间内，放射性元素蜕变的分量和生成的元素具有一定的比例。例如一克238U在45亿年中生成0.5克238U和206Pb，也就是说，0.5克238U蜕变成206Pb需要

45 亿年。根据 238U 和 206Pb 的含量，就可以计算出岩石和化石的年龄。

地球形成的时期，也是用同样方法测定出来的。一般认为地球形成的时期距今 48 亿~45 亿年，因为用同样方法测出许多地球上的陨石，它们的年龄也是 48 亿~45 亿年。最近的测定大约是 46.6 亿年。据说，从月球表面取来的细砂和角砾岩的测定中，得出月球的年龄也是 46.6 亿年。这是一个很有意义的数据。

运用放射性碳（14C）是测定化石年龄的重要方法。地球上分布着许多碳的同位素，像 12C、13C……它们没有放射性质。还有一种数量不多的 14C，它具有放射性。

14C 很容易与大气中的氧化物变成具有放射性的二氧化碳，植物吸收二氧化碳时，利用了 14C，动物又从植物那里获得二氧化碳，而当生物死后，就再没有 14C 加入了。

14C 的半衰期为 5730 年，即经过 5730 年后，生物体内 14C 的含量减少为原来的一半，经过 11460 年减少到原来的 1/4。现在生活着的生物体中的 14C 的含量是已知的，据此，就可计算出化石的年龄了。

近年来，除了应用放射性元素外，人们还应用了古地磁法来测定地质年代。

地球的磁场在其发展历史中，方向和强度都在不断地变化。岩石和化石在其形成过程中，都受到地磁场的作用而获得磁性。这称为原生剩余磁性。这种磁性被保持至今，成为当时地磁场情况的记录。根据专门的仪器测定，可以用来进行地层原生剩余磁性的对比，确定它的年代。我国地质力学研究所、中国科学院地质研究所等单位正是应用这种方法确定了元谋组地层形成于距今 150~310 万年；再根据元谋人化石所在层位和它的极性，确定元谋人的年龄为 1.70±0.1 百万年。人们常说的元谋人距今 170 万年左右，就是这样测出来的。

地质年代单位的命名

按地层的年龄将地球的年龄划分成一些单位，这样便于我们进行地球和生命演化的表述。以生物的情况来划分，把整个 46 亿年划分成 4 个大的单元。

地球形成初期称为冥古宙；生命现象开始出现，并有原核生物出现称为太古宙；绿藻及真核生物出现称为元古宙；将可看到一定量生命以后的时代称做显生宙。

冥古宙、太古宙、元古宙的下限为地球的初期形成阶段，其上限年代不是一个绝对准确的数字，一般说来可推至 5.7 亿年前，也有推至 6 亿年前的。从 5.7 亿或 6 亿年以后到现在就被称做是显生宙。

宙下划分有：古太古代、新太古代、古元古代、中元古代、新元古代、古生代、中生代、新生代 8 个代。

古太古代、新太古代一般指的是地球形成及化学进化这个时期，可以是从 46 亿年前到 38 亿年前或 34 亿年前，这个数字之所以有数以亿计的年数之差是因为我们目前所能掌握的最古老的生命或生命痕迹还有许多的不确定因素。古、中、新元古代紧接在太古代之后，其下限一般定在前寒武纪生命大爆发之前，这个时期目前在 6 亿~5.7 亿年前。

太古代和元古代这两个名称是 1863 年由美国人洛冈命名的，他命名的意思是指生物界太古老和生物界次古老。近年来地质科学家根据最新研究成果将太古代二分为古、新太古代，将元古代三分为古、中、新元古代。

自寒武纪后到 2.3 亿年前这段时间为古生代，这个名称由英国地质学家塞奇威克制定，他依照洛冈取了生物界古老的意思，此事发生在 1838 年。

从 2.5 亿年前到 0.65 亿年前为中生代，从 0.65 亿年后到现在为新生代。这两个代均由英国人菲利普斯于 1841 年命名，取意分别为生物界中等古老和生物界接近现代。

代以下的划分单元为纪。在中国，最古老的纪叫长城纪，然后是蓟县纪、青白口纪、震旦纪。震旦纪，由美国古生物学家葛利普于 1922 年在中国命名，他当时活动在浙、皖一带，他按照古代印度人称呼中国为日出之地而取了这个名称。

1835 年英国地质学家塞奇威克在英国西部的威尔士一带进行研究，在罗马人统治的时代，北威尔士山曾称寒武山，因此塞奇威克便将这个时期称为寒武纪。

1879 年，另一位英国地质学家拉普沃恩在同一地区发现一个地层，这个与较早发现的志留纪与寒武纪相比有着诸多不同的地方，它介入上述两个层之间，显然是属于一个不同的有代表性的时期，因此他根据一个古代在此居住过的民族名将这个时期称为奥陶纪。

志留纪的名称的产生比寒武纪和奥陶纪都要早，大约是在 1835 年，莫奇逊也是在英国西部一带进行研究，名称的意思来源于另一个威尔士古代当地民族的名称。

莫奇逊和塞奇威克于 1839 年在英国德文郡将一套海成岩石层按地名进行了命名，中文翻译为"泥盆"。

石炭这个名称的出现可能是最早的，1822 年康尼比尔和菲利普斯在研究英国地质时，发现了一套稳定的含煤炭地层，这是在一个非常壮观的造煤时期形成的，因此因煤炭而得名。

二叠纪这个名称是我国科学家按形象而翻译的，最初命名时是在 1841 年，由莫奇逊根据当地所处彼尔姆州（俄乌拉尔山乌法高原）将其命名为彼尔姆纪。后来在德国发现这个时期的地层明显为上下两套，在白云质灰岩下是红色岩层，这也是我国后来翻译成二叠纪的根据。

中生代为三个纪。第一个是三叠纪，1834 年阿尔别尔特根据德国西南部的三套截然不同的地层而命名。在德国与瑞士交界处有一座侏罗山，1829 年前后布朗尼亚尔在这里研究发现该处有非常明显的地层特征，因此以山命名为侏罗纪。

1822 年，达洛瓦发现英吉利海峡两岸悬崖上露出含有大量钙质的白色沉积物，这恰恰是当时用来制作粉笔的白垩土，于是便以此命名为白垩纪。需要指出的是，世界上大多地区该时期的地层并不都是白色的，如在我国就是多为紫红色的红层。

莱尔曾经将古生代称第一纪，中生代为第二纪，新生代为第三纪，1829 年德努阿耶在研究法国某些地区的地质时按魏尔纳的分层方案从第三纪中又划分出来了第四纪，这样，新生代便由这两个纪所组成。

纪下面还有分级单位，如"世"，一般是将某个纪分成几个等份，如新生代依次分为古新世、始新世、渐新世、中新世、上新世、更新世、全新世等。

知识点

放射性元素

放射性元素是指能够自发地从不稳定原子核内部放出粒子或射线（如 α 粒子、β 射线、γ 射线等），同时释放出能量，最终形成稳定核素的一类元素，这一过程叫做放射性衰变。一般原子序数在 84 以上的元素都具有放射性，原子序数在 83 以下的某些元素如锝、钷等也具有放射性。

放射性元素分为天然放射性元素和人工放射性元素两类。

➤ 延伸阅读

岩石的分类

岩石，是固态矿物或矿物的混合物，其中海面下的岩石称为礁、暗礁及暗沙，由一种或多种矿物组成的。具有一定结构构造的集合体，也有少数包含有生物的遗骸或遗迹（即化石）。按成因分为岩浆岩、沉积岩和变质岩。

火成岩：也称岩浆岩。来自地球内部的熔融物质，在不同地质条件下冷凝固结而成的岩石。熔浆由火山通道喷溢出地表凝固形成的岩石，称喷出岩或称火山岩。

常见的火山岩有玄武岩、安山岩和流纹岩等。当熔岩上升未达地表而在地壳一定深度凝结而形成的岩石称侵入岩，按侵入部位不同又分为深成岩和浅成岩。

花岗岩、辉长岩、闪长岩是典型的深成岩。花岗斑岩、辉长玢岩和闪长玢岩是常见的浅成岩。

沉积岩：也称水成岩。在地表常温、常压条件下，由风化物质、火山碎屑、有机物及少量宇宙物质经搬运、沉积和成岩作用形成的层状岩石。

按成因可分为碎屑岩、黏土岩和化学岩（包括生物化学岩）。常见的沉积岩有砂岩、凝灰质砂岩、砾岩、黏土岩、页岩、石灰岩、白云岩、硅质岩、铁质岩、磷质岩等。

沉积岩有两个突出特征：一是具有层次，称为层理构造。层与层的界面叫层面，通常下面的岩层比上面的岩层年龄古老。二是许多沉积岩中有"石质化"的古代生物的遗体或生存、活动的痕迹——化石，它是判定地质年龄和研究古地理环境的珍贵资料，被称做是纪录地球历史的"书页"和"文字"。

变质岩：原有岩石经变质作用而形成的岩石。根据变质作用类型的不同，可将变质岩分为5类：动力变质岩、接触变质岩、区域变质岩、混合岩和交代变质岩。常见的变质岩有糜棱岩、碎裂岩、角岩、板岩、千枚岩、片岩、片麻岩、大理岩、石英岩、角闪岩、片粒岩、榴辉岩、混合岩等。变质岩占地壳体积的27.4%。

生命的起源

所谓生命的起源，是指地球上非生命物质演变成原始生命的过程，即生物进化中的化学进化阶段。

关于这方面的研究，早期比较流行的学说有"天外胚种说"、"自然发生说"、"化学起源说"。至于《圣经》中关于上帝造物的说教，因为要归结到神的干预，不属于科学研究的范围。

"天外胚种论"认为地球上的生命是从天外飞来的。这种观点在欧洲19世纪末到20世纪初颇为流行。

例如，瑞典化学家阿列纽斯专门发表了《宇宙的形成》（1907）一书。他在这本书中提出：宇宙一直有生命的胚种，它们以孢子的形式，靠太阳光的压力，不断在新的行星上定居下来，直到它落到地球上，就在地球上发育成活跃的生命。

可是现代科学的成果并不支持这个论点。在星际空间，反射强烈的紫外线便能很快地杀死细菌的孢子。而且还有其他的破坏性射线，地球以外的生命孢子被保存下来的可能性似乎不大。其实，即使地球上的生命来自天外，天外生命也仍然有一个起源的问题。

"自然发生说"即自生论，起源于古代，从亚里士多德到后来的哈维、牛顿等大学者都信奉这种见解。诚然，腐烂的肉中会突然发现蛆，这是人们亲眼所见，在科学不发达的时代，从中得出"腐肉生蛆"的结论也是很自然的。怀疑和反对这一看法的有雷第、斯巴兰让尼和巴斯德等。巴斯德关于由于微生物的污染造成肉汤腐败的著名实验，虽说不能彻底否定自然发生说的见解，但至少使它在科学界的影响大为减弱。

"化学起源说"的主要提出者是奥巴林。当然在这以前也有不少人提出过这方面的思想。特别是恩格斯在《反杜林论》一书中写道："生命的起源必然是通过化学的途径实现的。"

科学实践证明，"化学起源说"是正确的。1890 年，维诺格拉德斯基发现，硝化细菌能吸取外界的氨或亚硝酸使之氧化，并利用这时获得的能量，把二氧化碳转换成有机物。

奥斯本在《生命的起源与进化》一书中，把这种物质看作是生命的原

巴斯德

始形态。硝化细菌这种从无机物合成有机物的功能，对"化学起源说"是一个有力的佐证。

德国化学家维勒在科学史上第一次把无机物人工合成有机物——尿素，填补了无机物和有机物之间不可逾越的鸿沟，为"化学起源说"提供重要的依据。

到目前为止，研究生命起源问题已经取得了重要成果。1953 年，米勒成功地做了生命起源的模拟实验，奥巴林和福克斯等都为此进行了大量的研究，逐步揭示了生命起源的化学演化过程。

正如米勒所说："即使我们承认没有任何地质记录，我们还有类似的实验证据。我们能清楚地确定，生命是在地球上发生的，所有生物都具有共同的基本成分和性质，都有共同的生物合成的途径，这些我们都已了解得相当深入……所以，有关在原始地球环境下重要生化物质（无论是单体或聚合物）合成的知识，都可能有助于说明生物化学的演化。"

生命起源的条件

根据目前对地球化学、地球物理学、地质学、古生物学、分子生物学和宇宙考察等方面的研究资料，生命起源的基本条件大体如下：

1. 原始大气

海洋是生命的摇篮，但是生命化学演化的最初舞台是原始大气，而不是海洋。一般认为，原始大气是还原性的，具有生物学意义的有机物，在当时情况下也只有在还原的条件下才能合成。

原始大气的形成与火山活动有关。我们知道，原始地球在某个时期曾经是一个炽热的球体，它处于熔融状态。在原始地球发展过程中，由于重力的关系，一些重物质沉向地球深部形成地核和地幔，一些较轻的物质则浮于地球表层形成地壳。但是，最初形成的地壳较为薄弱，内部温度仍然很高，因此火山活动十分频繁。

地球内部由物质分解产生出大量的气体。这些气体随着火山活动而被驱散到地球外面，形成原始大气的一部分。目前地质学和地球物理学的研究还不能确切说出原始大气的成分，但据多数学者推测，原始大气成分有二氧化碳、氮、氨、一氧化碳、甲烷、水蒸气、硫化氢、氰化氢以及少量的氢，当时的氧是以氧化物的形式存在的，空气中没有游离氧。

还原性大气大都以化合物的形式存在，分子量大，运动也较慢，在当时的情况下大气中的各种成分一般不易消失。此后，地球表层温度逐渐下降，水蒸气凝结成雨，降落到地表的低凹处，便成了原始的湖泊和海洋。

2. 能　源

能量是生物化学演化的另一个必要条件。一般认为，在原始地球上可利用的能量主要有以下几种：

（1）热能

在原始地球形成的最初时期，也即在地球的凝聚过程中，原始太阳系仍充满着星际尘埃，太阳能无法射到地球上，化学反应主要依靠由地球凝聚和气体逸散所释放的巨大热量。

（2）太阳能

原始大气的上层由于没有像后来那样可以挡住紫外辐射的臭氧层，到达地面的太阳能比现在要大得多。大量的紫外光、可见光、电子、质子和 X 射线参与化学演化的全过程，因此，太阳能被认为是地球的最大能源。一般认为，低于 200～180 纳米的紫外光很容易被甲烷、氨气和水这样的化合物吸收，因此紫外光对生命的化学进化起了重大的影响。

（3）放电

现在知道，在火山活动的过程中，当高温气体被喷射到高空时，可使该地区发生雷电和火花放电。

雷电的电流是 2 万安培，这种高电流会产生局部高温，从而能放射紫外线，产生冲击波。也就是说，放电（从定性的角度上来看）可以被认为是电流、高温和紫外线的混合能源。但是从其作用讲，放电有比紫外线、热能等更优越的地方：

一是放电发生的部位可在大气最下层，即地表附近，这样可把生成物直接运进海洋里去；二是放电的过程，极容易使甲烷、氨气或氮气合成氰化氢，而在生命的化学演化中，氰化氢起着重要的作用。因此，不少人（如米勒等）认为，放电也是化学演化中重要的，甚至是更直接的能源。

此外，宇宙射线、放射线、陨石冲击的能量等均可促进化学进化。

3. 原始海洋

原始海洋同原始大气一起，是由地球内部产生的。

在原始地球初期的 5 亿年中，水量大约只是现在的 10%，地下结构水以蒸汽态随地球内部的气体喷射，慢慢地被搬运出来，地上的水量才逐渐有所增加。

在这一过程中，一方面由于地壳的不断变动，有些地方隆起形成高原和山峰，有些地方则收缩下陷而成为低地和山谷。另一方面由于火山喷发排除高温气体，而释放出大量热量，使地表温度逐渐降低。当温度降至 1000℃ 以下时，地球上的水蒸气从气态转化为液态，并在一定条件下（如寒流袭击、雷电等）形成雨水，经过长期的积累才出现原始海洋。

液态水的出现是生命化学演化中的重要转折点。现在已经清楚，具有高度反应活性的分子虽然在气相中生成，但它们却在水溶液中发生化学反应，因为所有生命物质都涉及液相。因此，一旦雨水把大气中一些生成物降于原始海洋后，原始海洋就成了生命化学演化的中心。

知识点

有 机 物

有机物主要由氧元素、氢元素、碳元素组成。有机物是生命产生的物质基础。脂肪、氨基酸、蛋白质、糖、血红素、叶绿素、酶、激素等。生物体内的新陈代谢和生物的遗传现象，都涉及有机化合物的转变。

此外，许多与人类生活有密切关系的物质，例如石油、天然气、棉花、染料、化纤、天然和合成药物等，均属有机化合物。

延伸阅读

地球内部结构

地球的内部结构为一同心状圈层构造，由地心至地表依次分为地核、地幔、地壳。

地壳：地壳的厚度是不均匀的，一般大陆地壳较厚，尤其山脉底下更厚，平均厚度约 32 千米，海洋地壳较薄，一般在 5～10 千米。地壳的物质组成除了沉积岩外，基本上是花岗岩、玄武岩等。花岗岩的密度较小，分布在密度较大的玄武岩之上，而且大都分布在大陆地壳，特别厚的地方则形成山岳。地壳上层为沉积岩和花岗岩层，主要由硅－铝氧化物构成，因而也叫硅铝层；下层为玄武岩或辉长岩类组成，主要由硅－镁氧化物构成，称为硅镁层。海洋地壳几乎或完全没有花岗岩，一般在玄武岩的上面覆盖着一层厚约 0.4～0.8 千米的沉积岩。地壳的温度一般随深度的增加而逐步升高，平均深度每增加 1 千米，温度就升高 30℃。

地幔：地幔是介于地表和地核之间的中间层，厚度将近 2900 千米，主要由致密的造岩物质构成，这是地球内部体积最大、质量最大的一层。它的物质组成具有过渡性。靠近地壳部分，主要是硅酸盐类的物质；靠近地核部分，则同地核的组成物质比较接近，主要是铁、镍金属氧化物。

地核：地核又称铁镍核心，其物质组成以铁、镍为主，又分为内核和外核。内核的顶界面距地表约 5100 千米，约占地核直径的 1/3，物质状态，可能是固态的。外核的顶界面距地表 2900 千米，物质状态可能是液态的。推测外地核可能由液态铁组成，内核被认为是由刚性很高的，在极高压下结晶的固体铁镍合金组成。地核中心的压力可达到 350 万个大气压，温度可达 4000℃～5000℃。在这样高温、高压的条件下，地球中心的物质的特点是在高温、高压长期作用下，犹如树脂和蜡一样具有可塑性，但对于短时间的作用力来说，却比钢铁还要坚硬。

化石：物种存在的直接证据

化石是经过自然界的作用，保存于地层中的古生物遗体、遗物和它们的生活遗迹，是古生物学研究的对象。现存的生物是历史上生物长期演化的结果。因而，化石为生物进化提供直接的证据。也就是说，关于生物进化问题，可以从分类学、胚胎学、遗传学、分子生物学等不同方面进行探讨，但古生物学（化石）的资料最直接也最可靠。迄今为止，已有记录的化石种估计有 25 万个。

化石大多是生物体的坚硬部分，有动物的骨骼、贝壳，植物的茎、叶等。它们经过矿物质的填充和交替作用，形成仅保持原来形状、结构以至印模的石化（包括钙化、碳化、硅化、矿化）了的遗体、遗物和遗迹。也有少量是指未经改变的完整的古生物遗体，如冻土中的猛犸、琥珀中的昆虫等。

化　石

早在 5～6 世纪，我国古籍中已有关于化石的记载。南朝齐梁时期陶弘景（456—536 年）对琥珀中的昆虫，宋代沈括对螺蚌化石和杜绾对鱼化石的起源，已有了比较正确的认识。尤其是南宋学者朱熹对螺蚌化石的成因作过正确的说明。他说："常见高山有螺蚌壳或生石中。此石即旧日之土，螺蚌即水中之物。下者却变而为高，柔者却变而为刚。""今高山上多有石上蛎壳之类，是低处成高。又蛎须生于泥沙中，今乃在石上，则是柔化为刚。天地变迁，何常之有。"

欧洲人对化石的了解比较晚，16世纪意大利北部开掘运河，达·芬奇在运河工程中发现了许多化石，曾引起人们的争议。许多人以为化石是自生的，而达·芬奇则认为，它们是曾经生活在被淹盖了的当地大海中的生物遗体。

在科学史上，最早把化石与生物进化联系起来，把化石当作生物进化见证的学者要算是达尔文了。达尔文在《物种起源》中说过，在"贝格尔"舰航行期间，许多重要的事实不得不改变他对神学的信仰，承认了生物的进化。这些事实中，首当其冲的便是化石动物和现存动物之间的相似性。从中使他领悟到两者之间的亲缘关系。他曾写道："我在南美大草原的岩层中发现过带甲的巨大的化石动物，它的甲壳就像现存犰狳的甲壳……""显然的，这些事实以及其他的种种事实，只能以这样的假设加以解释，即：物种是逐渐变化的。这一个课题常常盘据在我的心头。"

古生物能作为化石而被保存下来的机会是很难得的。每一块化石都有自己不平凡的历史。而被保存下来的化石中，为人发现则更为稀少。即使被发现后，在多数情况下，也是极不完整的。因此，化石是研究和推测生物进化的珍贵材料。

化石的形成与否，在通常情况下取决于以下几种因素。

1. 取决于生物死亡的数量

一般地说，生物死得多，形成化石的机会就多；相反，死得少，机会也少。在海洋环境形成的地层中，比较容易发现动物化石，特别是珊瑚一类的化石，在含煤的地层中，比较容易得到植物的化石。一些陆地环境形成的地层里，便难以找到化石，尤其是哺乳动物的化石。

2. 取决于生物体组成部分的坚硬程度

凡硬体，如介壳，骨骼、牙齿、角、树干、孢子、花粉等，不易毁灭；相反，凡软体部分，如皮肤、肌肉以及各种器官，则容易腐烂而消失。所以，常见的化石，大多由生物体硬体部分所形成。

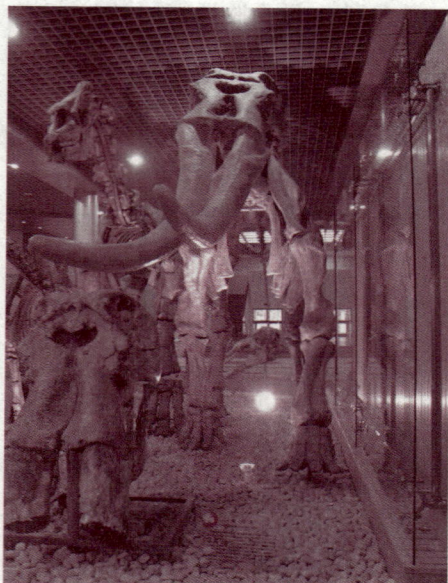

大象化石

例如，恐龙化石，多为其骨架；象的化石，多为牙齿与骨骼；河蚌化石，多为介壳；三叶虫化石，也大多是甲壳。

3. 取决于生物尸体掩埋的速度

生物尸体如果暴露于空气中，则会受氧化作用或遭其他生物吞食和破坏，即使是硬体部分，年长日久，也会被风化、毁坏。因此，生物死后，需要有某种沉积作用将其迅速掩埋，才能较好地保存。凡生物繁盛而地质沉积作用急剧进行的地区，一般化石就较多。

4. 取决于石化的程度和快慢

所谓石化，就是古生物的遗体、遗物和遗迹通过物理、化学作用，使它们变成坚硬如石的过程。

物理作用，指的是生物体的外形印烙在岩层上的过程；或者是壳体、骨骼等空隙被泥砂或其他矿物质所充填使之变硬的过程。

化学作用，指的是化学溶液对古生物硬体部分的作用过程。即碳酸钙溶液、二氧化硅溶液和黄铁矿等溶液，在地层中流动时，不断接触古生物硬体部分，其溶液的矿物质成分不断与生物体物质进行化学置换，久而久之，这些生物体的物质成分几乎全部为矿物成分所取代，而形态则保持原样。例如常见的硅化木（silicified trees），虽然它的细胞、年轮等都保存下来，但其物质成分已不是木质，而是二氧化硅了。

化石可以作多种分类，最常用的是按保存的特点来区分。一般分为遗体化石、模铸化石、遗物化石、遗迹化石、微体化石和超微体化石。

1. 遗体化石

遗体化石是指保存在岩层亖的古生物体本身。其中有的内部物质成分基本不变，是在特殊自然条件下被封闭的。

例如生存于距今 20 万年到 100 万年前的猛犸和披毛犀，它们是在天然的冷库中被保存了下来。又如琥珀中的昆虫，它是由树胶的突然包合而死亡。有的遗体化石的物质成分有较大的变化，如前面提到的硅化木。也有的遗体化石不仅物质成分变了，组织构造也起了明显的变化。如有的植物的叶子、鱼鳞等埋入地下后，其中所含的氧、氢、氮等都挥发掉了，只留下了碳质薄膜。

琥 珀

2. 模铸化石

模铸化石是指生物体在底层或围岩中留下的各种印模和复铸物。其中第一类叫"印痕化石"，即生物体陷落在底层，留下了印迹，而其遗体则往往遭到破坏——分解、腐烂。但印迹上却保留下该生物体的主要特征。最常见的是植物的根、茎、叶、花、果以及动物的触须、附肢、羽毛等。

第二类是"印模化石"。当生物体的坚硬部分（最多的是贝壳）最初完整地保留在围岩中，后来被地下水溶解，留下一个空洞，但在空洞的四壁留下了该生物体的外形，称为"外模"；相反，保留壳瓣的内部模样的印痕，叫做"内模"。外模和内模所表现的花纹凹凸情况与原物正好相反。

3. 遗物化石

遗物化石是指古代动物的粪便、卵（蛋）以及人类祖先使用的工具等。

鱼的卵、鬣狗的粪便，人类祖先使用过的石器、骨器、装饰品以及爬行类和鸟类的蛋化石等都属此类。

4. 遗迹化石

遗迹化石是古代动物活动时留下的痕迹。其中最主要的是足迹。遗迹化石和别的化石不同，它与岩层紧密共存。岩层移动或破坏，足迹也就消失。所以这类化石都是原生的。因此，通过遗迹化石可以推测动物的活动情况。同时，也可从足迹的深浅、大小、多少来推测动物的体重和数量……这类化石的数量尽管不多，但对某些方面的研究却具有重要意义。

5. 微体化石

微体化石是用显微镜才能观察到的一类微小化石。它主要指个体微小的古生物或大生物体的某些微小部分的化石。如有孔虫、放射虫、细胞、孢子、花粉等化石。远古时代的细菌、蓝藻化石也属这一类。例如，1977 年在南非 35 亿年前的斯威士兰系的古老堆积岩中，在显微镜下曾发现 200 多个可清楚看到的与原核藻类非常相近的古细胞化石。在我国东北距今 24 亿年前的鞍山群地层中也发现过铁细菌化石。我国五台山群等地层中，也有距今 18 亿年前的蓝藻化石。以上材料也可证明，细菌和蓝藻在 35 亿年前已存在。

6. 超微体化石

超微体化石是指只有在电子显微镜下才能观察到的特别微小的一类化石。一般认为其大小在 10 微米之下，也有主张可包括 25 微米左右的微小化石。超微体化石主要是指超微浮游生物，这类微生物形体极小、数量很多、分布也甚广。不论在前寒武纪的古老岩层到最近的沉积岩层中均可找到。这类化石对研究前寒武纪地层及不含大化石的地层很有价值，也可用于对古环境的探索。

此外，由于近代化学分析技术的进步，古生物残留的一些有机物分子，如氨基酸、脂肪酸、叶绿素等，可从岩层中分离出来，进行鉴定研究，从而确定生物的存在和属性。这种具有一定的有机分子结构，可认为是某些古生物的遗迹，故可称之为化学化石或分子化石。

总之，化石是保存在地层中的古代生物的遗体、遗物和遗迹的总称。这里需要说明一点，现代泥砂层中埋葬着的贝壳之类，尽管它们是生物的遗体，仍不能当为化石，因为它们是现代形成的，不能算为地史上的产物。

化石年代的测定，对于生物进化顺序研究关系重大。近年来，年代测定方法（相对年代或绝对年代）都有很大改进。例如，使用电子回旋共振法（ESR），不仅可以不破坏化石，而且测算也更为准确。

随着一系列生物化学新技术的建立，现代已经可以测定生物（包括某些绝种生物）的基因。通过测定发现，所有生物世系的基因一直在以稳定的速率积累着突变，如在核的 DNA 和细胞器（如线粒体、叶绿体）的 DNA 中，碱基替换的平均积累几乎与放射性衰变过程一样，准确而有规律。所谓生物钟的概念就是由此而建立的。现在还可根据少数已精确断定年代的化石对分子钟进行校正。利用这些化石，也可估计出某些现存生物自共同祖先以来的分歧年代。

根据不同地质年代所发现的古生物化石，可看出各类生物的出现具有一定的时间顺序，从而有力地证实生物的进化。

1. 冥古宙、太古代和元古代

这三个时期是地球形成的早期阶段，也是生命起始和进化的初期。

在太古代早期，目前已知的最早的化石记录是澳大利亚太古宇 Warrawoona 群的微生物化石，距今已有 35 亿年的历史。它是一种原核生物。此外没有找到其他可靠的化石，这与最早的生物很原始，或是因为化石难以形成有关。

到了元古代，在距今 10 亿年的澳大利亚苦泉组发现了绿藻等真核生物。据说，在距今 19 亿年左右的加拿大冈弗林特组的微古植物群中，除细菌和丝状蓝藻外，还发现显示具有细胞核的生物。如果它们确是真核生物，则至少在 19 亿年前已经实现了由原核到真核的进化过程。

2. 古生代

在古生代地层中，出现了大量的动物化石。初期，水生无脊椎动物比较繁盛，尤其是三叶虫。所以又称寒武纪为三叶虫纪。我国是发现三叶虫化石最多的国家之一。这种动物，现已发现1000多种。古生代中期，以鱼类为最盛。

距今3亿年前，水生脊椎动物开始登陆，出现了原始的两栖类动物；到了古生代晚期，是两栖类的极盛时期，同时又出现了爬行类。

在植物方面，初期以藻类较繁盛，中期有了蕨类，后期出现了裸子植物并有了迅速的发展。

3. 中生代

中生代是爬行动物，特别是恐龙类的全盛时期。我国发现的恐龙化石有云南的禄丰龙，四川的马门溪龙，山东的鸭嘴龙等。

距今2亿年前鸟类和哺乳类的化石也被发现。兼有现代鸟类和爬行类特征的始祖鸟，就是在侏罗纪的地层中发现的。

马门溪龙化石

中生代的裸子植物也占优势，并开始出现被子植物。由于植物的发展，使地球上动物食料量增加，从而为鸟类和哺乳类的出现和发展提供了条件。

4. 新生代

新生代是现代生物类型出现和发展的时期。在新生代中，各种昆虫和哺乳动物发展最盛。大约3百万年前的地层中，已经发现了能制造简单工具的人类化石。从此，地球的历史进入到人类时代。

在植物方面，新生代也是被子植物大发展的时期，而且那时还出现了巨大的森林。

新生代已经历了将近 7 千万年的历史，现在仍在继续着。

知识点

琥珀

琥珀是数千万年前的树脂被埋藏于地下，经过一定的化学变化后形成的一种树脂化石，是一种有机的似矿物。琥珀的形状多种多样，表面常保留着当初树脂流动时产生的纹路，内部经常可见气泡及古老昆虫或植物碎屑。著名的琥珀沉积岩来自波罗的海地区和多米尼加共和国。琥珀主要是古代裸子植物的树脂，但现在则有开花类植物所产生的树胶。波罗的海地区琥珀有时含有昆虫或植物的残体。

延伸阅读

闻名于世的澄江动物化石群

澄江动物化石群，位于我国云南省玉溪市澄江县城以东 5 千米的帽天山地区。这一化石群的发现，轰动了国际科学界，是"世界近代古生物研究史上所罕见"、"20 世纪最惊人的科学发现之一"，堪称国宝，是揭示寒武纪"生命大爆炸"奥秘的金钥匙。

闻名于世的澄江动物群，主要埋藏在澄江境内抚仙湖东岸的山地丘陵区。距省会昆明 63 千米，距澄江县城 11 千米。经十多年的采集和发掘，埋藏面积约为 18 平方千米。帽天山、马鞍山、啰哩山、大坡头等地为澄江动物群的集中区域。

由于澄江动物群是研究地球早期生命演化的动物化石宝库，澄江已被誉为"世界古生物圣地"。1997 年 5 月被云南省人民政府划为省级自然保护区。1998 年 11 月又被中共云南省委、省人民政府定为省级爱国主义教育基地。2001 年 3 月还被批准为国家地质公园。已被联合国教科文组织列入《全球地质遗址预选名录》"代表地球的主要历史阶段，并包括生命纪录的突出模式"。

澄江动物群主要由多门类的无脊椎动物化石组成，门类相当丰富，保存非常精美，发现的动物群达 40 多个门类，180 余种动物，其中不仅有大量海绵动物、腔肠动物、腕足动物、环节动物和节肢动物，而且有一些鲜为人知的珍稀动物，以及形形色色的形态奇特、现在还难以归入任何已知动物门的化石。

同时，澄江动物群的发现和研究证明，从低等的海绵动物到高等脊索动物，几乎所有的现存动物门，还有许多现在已经灭绝的动物类群，都可以在澄江动物群中找到它们各自的代表。因此，澄江动物群对研究寒武纪早期动物的解剖构造、功能形态、生活习性、系统演化、生态环境、埋藏条件和保存方式提供了具有重要科学价值的可靠依据。

物种的起源

物种是生物存在的基本方式，任何生物体在分类上都属一定的物种。物种形成也叫物种起源，它是生物进化的主要标志。

物种的定义

早在 17 世纪，英国标植物学家约翰·雷认为，物种是一个繁殖单元。他说（1686 年）："经过长期而大量的观察后，我相信在确定一个物种时，除了可以把通过种子繁殖而使之永远延续的特点作为标准外，没有其他更合适的标准了……"

18 世纪中叶，瑞典植物学家林奈等人按照这种认识，做了许多植物杂交试验。在此基础上，林奈（1750 年）进一步提出，物种是由形态相似的个体组成的，同种个体可自由交配，并能产生可育后代；而异种间则杂交不育。林奈肯定了物种的客观性和稳定性，为物种问题的进一步研究提供了基础，同时，也否定了当时流行的动植物的自然发生说。但是，林奈把物种的稳定性绝对化了，他主张"物种不变"，这无疑是一个错误。

进化论的奠基人达尔文提出，种（即物种）是显著的变种，是性状差异明显的个体类群。特别是他肯定了物种的可变性和指明了物种之间的亲缘关系。这对奠定生物学的科学基础和破除物种不变论是一个伟大贡献。但是，达尔文在某些论述中，对物种的稳定性缺乏应有的重视，甚至怀疑种的客观存在，这又是他的不足之处。

对于什么是物种的问题，近代学者也都进行了认真的研究，并提出了种种的看法。进化生物学家迈尔近期提出物种的定义是："物种是由种群所组成的生殖单元（和其他单元生殖上隔离着），它在自然界中占有一定的生境地位。"

这一定义，我国昆虫学家陈世骧略作补充，即"物种是由居群所组成的生殖单元（和其他单元生殖上隔离着），在自然界占有一定的生境，在宗谱线上代表一定的分支"。

达尔文

修改后的迈尔物种定义包含四方面的内容，即种群组成、生殖隔离、生态地位和宗谱分支。杜布赞斯基认为，物种是享有一个共同基因库能进行杂交的个体的最大的生殖群落。也就是说，属于同一物种的个体在原则上彼此可以通过有性过程交换基因。

此外，苏联学者 M. C. 基里亚罗夫认为，物种是形态学上相类似的、有杂交能力的、要求类似环境条件的生物综合体。它在自己的分布区内不是连续的分布，而是作点状的分布，每一个点代表一个种群。

以上这些关于对物种的定义和看法，虽然具有一定的代表性，但到目前为止，对物种的认识尚无一个公认的定义。同时，由于现代生物学研究的特点，在定义物种时没有重视对营无性生殖的低等生物的概括。因此，对这一些问题，尚需进一步研究和探讨。

物种的结构

由个体组合为种群，由种群组合为亚种，由亚种组合为种。在亚种和种之间，有时也有中间性质的形态，如半种等。这样的组成称为物种的结构。

个体：个体是物种组成中最基本的单位，物种由许多个体组成。不同个体组成不同种，但同一种内的个体有性别、年龄的差异，有些还有群体分工（如蜜蜂、蚂蚁等）的不同，这是个体存在的不同形式；同时，由于遗传和环境的原因，同一物种内的个体间也存在着差异。

种群：种群也叫群体或居群。它是指生活在一定群落里的一群同种个体。种群是物种的基本结构单元。

生活于一定群落里的物种，总是分别地集合为或大或小的种群而存在。由于每个物种都有一定的生活习性，要求一定的居住场所，因此它是以不连续的方式存在着。虽然同一个种的不同种群之间彼此不连续，但可以通过杂交、迁移等形式相互交流遗传性，使物种成为一个统一的繁殖群体。

由于种内关系的复杂性以及生存条件的影响，种群也经常在变动着。如有的种群个体数多，有的个体数少；有的繁荣，有的衰退。生物类型的分歧就发生在种群之中。当变异达到一定程度，就会出现亚种，以及新种。

亚种：它是物种以下的分类单位。亚种是种内个体在地理和生殖上充分隔离后所形成的群体，它有一定的形态生理、遗传特征和地理分布，所以也称"地理亚种"。这一概念一般多用于动物分类，在植物分类上比较少用。

与亚种同属于种以下分类单位的还有变种。变种与原种相比具有形态生理、遗传特征上的差异。但不具有交替的分布区，同种的两个变种在地理上可能重叠。一般多用于植物的分类，在动物分类上比较少用。但变种有时也指未弄清地理分布的亚种，有时也指栽培品种，有时还指介于两个亚种之间的类型。

在亚种和种之间，还有半种和隐种这两种形态。半种或称"起始物种"，它是相互可以交配的群体，但在行为和其他方面有些差别，这些差别又限制了它们之间的交配。换句话说，它们既有种的特征又有亚种的特征，所以又称为两者的过渡类型。由于半种的概念比较含糊和复杂，在分类中应用不多。

姐妹种：又称隐种。它们在外部形态上极为相似，但相互间又有完善的生殖隔离。初步观察对不同的姐妹种很难进行分辨；早期工作中也常误为一个种。但仔细研究可发现姐妹种在生理、习性、生态要求等方面也有不同，甚至形态上都可找出微细差异。

物种的标准

物种是生物分类的最基本的单位。关于物种的学名，一般采用林奈提出的双名法，就是由属名加种名所组成。

例如，虎的学名是 Panthera tigris，狮的学名是 Panthera leo，金钱豹的学名是 Panthera pardus。在这里，Panthera 是这三种动物共同的属名，表明它们之间的相似性，即亲缘关系；tigris、leo 和 pardus 都是物种名称，用以区别三种动物。

前面已提到目前尚无一个共同的物种定义，但在分类学和生物地理学上却有一定的分类方法。那么物种是根据什么标准来鉴定的呢？

1. 形态学标准

主要根据生物的形态特征的差异为标准。不同物种（指同一属的不同物种）之间有明显的形态差异，因此我们不会把老虎当作狮子，把狮子当作豹。

这些形态特征当然指同一物种所普遍具有的，而不是指少数个体所有。例如高等植物主要以花和种子的构造作为分类的依据。

2. 遗传学的标准

主要以能否自由交配为标准。凡属于同一个种的个体，一般能自由交配，并能正常地生育后代。不同物种的个体，一般不能杂交，就是杂交了，也是不育的。例如母马和公驴杂交产的骡子是不育的。因为马的染色体是 32 对，驴的染色体是 31 对，骡子是 63 个染色体，这在性细胞成熟时，减数分裂有困难。

此外，在动物中，有些相似的物种主要由于心理上的隔离（如不产生性反射）才使它们不能互相交配。

3. 生态学的标准

主要以生态要求是否一致为标准。同种生物要求相同的生态条件。相近物种所要求的生态条件就有差异。例如虎和狮都是食肉兽，它们所要求的生态条件有许多相似，但也有差异。如它们所吃的对象不全相同；它们都是夜巡动物，但虎有时白天也出来；狮是"一夫多妻"的，而虎则是"一夫一妻"的，等等。

4. 生物地理学的标准

主要以物种的分布范围为标准。不同物种的地理分布范围是不同的。有的分布区很广（世界种、广布种）；有的分布区很狭（特有种）；有的过去分布广，后来变狭了（残遗种）。每一物种都有一定的分布范围。因此，物种的地理分布也是区分物种的标准之一。

以上四个标准彼此相互联系着，它们一般有共同的基础——遗传差异。相近物种的遗传差异达到这样的程度，即它们形态特征上有明显区别；生理上具有不亲和性，杂交不育性以及生态的、地理的或遗传的种种区别。当然，其中最根本的是不亲和性与杂交不育性。

不过，目前分类学家一般是采用形态学标准进行分类。因为在现实的分类工作中，很少有必要作生殖观察或杂交试验。有的也无这个条件，例如对标本或化石的鉴定。同时，即使应用其他多种方法进行分类研究，也还多以形态学的标准为主。

当然仅仅以"模式"标本来定名，有相当的局限性。因为物种的存在形式不是个体，而是群体（种群），而群体是富有变异的，大半具有杂种性。囙此，现代分类学是在个体形态分类的基础上，以种群为对象，应用统计学方法来分析种群的材料，分析变异的情况，从而决定所研究的对象是属于物种、亚种或别的分类等级。

近年来在物种分类上出现了一些新的研究方法。如分子分类学、数量分类学、血清分类学、化学分类学等方法。无疑这些工作将有力地促进对这个问题的研究。

知识点

双名法

双名法又称二名法，以拉丁文表示，通常以斜体字或下划双线以示区别。第一个是属名，是主格单数的名词，第一个字母大写；后一个是种名，常为形容词，须在词性上与属名相符。

双名法系统的价值体现在它的简便性和广泛性：同样的名称在所有语言中通用，避免了翻译的困难；任何的一个物种都可以明确无误地由两个单词确定。

➡ 延伸阅读

达尔文简介

查尔斯·罗伯特·达尔文，（1809 年 2 月 12 日—1882 年 4 月 19 日），英国生物学家、博物学家。达尔文早期因地质学研究而著名，而后又提出科学证据，证明所有生物物种是由少数共同祖先，经过长时间的自然选择过程后演化而成的。到了 1930 年代，达尔文的理论成为对演化机制的主要诠释，并成为现代演化思想的基础，在科学上可对生物多样性进行一致且合理的解释，是现今生物学的基石。

在爱丁堡大学研读医学期间，达尔文对自然史逐渐产生兴趣。而他后来又到剑桥大学学习神学。达尔文在参与了"小猎犬号"的五年航行之后，成为了一位地质学家。他进行观察并提出理论来支持查尔斯·莱尔的均变思想。回英国后所出版的《"小猎犬号"航行之旅》，使其成为著名作家。

由于在航行期间对所见生物与化石的地理分布感到困惑，达尔文开始对物种转变进行研究，并且在 1838 年得出了他的自然选择理论。由于这类思想在当时被视为异端，因此达尔文刚开始只对亲近的朋友透露这些想法，并持续进行进一步的研究，以应付可能遭遇的反对。到了 1858 年，华莱士寄给他一篇含有相似理论的论文，促使达尔文决定与其共同发表这项理论。

1859 年出版的《物种起源》，使起源于共同祖先的演化，成为对自然界多样性的一项重要科学解释。之后达尔文在《人类与动物的情感表达》以及《人类由来与性择》中，阐释了人类的演化与性选择的作用。他也针对植物研究发表了一系列著作，在最后一本著作中，达尔文讨论了蚯蚓对土壤的影响。

为了表彰他杰出的成就，达尔文死后安葬于牛顿与约翰·赫歇尔的墓旁，地点就在英国伦敦的威斯敏斯特教堂。

物种的形成

物种形成的主要问题，是生物类型如何在进化中出现间断性，即出现明确界限的问题。

我们知道，同一物种的个体差异（即种内差异），和不同物种的个体差异（即种间差异）是有明显区别的。种内差异经常是连续的，即种内若干显著类型（例如亚种）之间常常存在着中间类型。

例如狐分布在几乎整个欧州，有 20 个亚种，形成一个由中间类型连续的系列。种间差异则是不连续的，例如，狮和虎之间未发现中间类型；在虎和豹之间也未发现中间类型。种内可以自由交配并产生后代，种间一般不能杂交或杂交不育。但是，种间的差异又是从种内的差异发展来的。

这就是说，在生物进化中一旦出现新种，标志着生殖作用连续性的间断，即出现了不连续性。从遗传机制上分析，物种一旦形成，就意味着这物种的遗传基础（基因）只能在物种内部相互交流，而在不同物种之间不能交流。

狐

物种形成的基本条件

物种形成有两个基本条件，一是遗传的变异；二是环境的变化。遗传的变异为自然选择提供材料，而新突变频率的增加以及对尚未突变的基因的取代，又取决于环境。

生物作为一种开放系统，必须有一定的环境条件。也就是说，在比较适合的环境中动植物才能得到发展。

以人类为例，人类也许是属于分布最广泛的一个物种（某些人体寄生虫例外）。但人类对环境是注意选择的，因而人类并未遍及整个世界。如广阔的北极、南极，还有大海、沙漠以及无数的山脉，事实上都无人居住。即使在人类的生活区内，分布也很不均匀。古时候，村落、城镇的人口较多，这两者之间往往人烟稀少甚至无人居住。人类聚居地起源的原因一般与水源、食物以及其他居住条件有关。植物和其他动物的情况也与此类似。

环境的不稳定性对物种形成至关重要。因为这种不稳定性直接影响选择压力，促进基因频率的改变，促进新基因库的产生和发展。环境的不稳定性主要有两点：从时间上说，同一地区随历史的变迁不断发生变化，所谓"沧海桑田"即为此意。

从空间上说，任何环境都有一定的空间范围。即使同一空间范围内的物理和生物因子也往往不全一致。如一个地区的不同方位，一条河流的不同水层，一座高山的不同高度，甚至同一高度的不同坡面，都有明显的区别。一般认为，空间范围愈大，环境变化也愈多。因此，占有较大空间的群体（应当是较大的群体），突变型也就更多。

物种形成的方式

现代对物种形成方式的研究已深入到各个侧面。例如，从形成过程或数量上看，有继承式与分化式物种形成；从地区性上看，有异域式、同域式等物种形成；从形成速度上看，有渐变式与骤变式物种形成；从生物分类上看，也各自有其特殊性。

1. 继承式与分化式

继承式物种形成：继承式物种形成即一个种在同一地区内逐渐演变成另一个种（其数目不增加）。

分化式物种形成：分化式物种形成即一个物种在其分布范围内逐渐分化成两个以上的物种。

渐变式的物种形成主要是通过变异的逐渐积累而形成亚种，再由亚种形成一个或多个新种。

2. 异域式与同域式

（1）异域式物种形成

异域式物种形成又称地理隔离式物种形成。其基本内容是：当一个物种被分成两个或两个以上的地理隔离群体时，由于地理条件不同，适应性也不同，从而造成随机性和适应性的遗传变化，如这些变化能导致生殖隔离，就分化形成新物种。一般认为，这种方式在自然界中比较常见，在动物中尤其如此。

异域式物种形成往往可分两类：一类是通过地理上大范围的分割后发生

的。这种方式在活动性强的大型动物中较为普遍，例如猫科和犬科中的大型食肉动物、许多鸟类、大型的鱼类等。这种方式形成物种的时间较长。另一类是通过由少数个体分割出来的，也即是通过奠基者效应而形成的物种。啮齿类、灵长类、翼手类、某些昆虫等常以这种方式产生新的物种。

（2）同域式物种形成

同域式物种形成是指分布在同一地区内的群体间由于生态的分异等原因，它们有机会进行杂交、交流基因并分化而形成新种的方式。一般认为，通过这种方式产生的新物种，在动物中可能以寄生性类群为最多。它们在形成过程中作用最显著的隔离因素为寄主。寄生性类群在昆虫中占有相当大的比例。

3. 渐变式与骤变式

达尔文认为，物种形成的速度主要是渐变方式。现代学者认为，除渐变式外还有骤变的形成模式。

关于物种形成的渐变方式，实质上就是上面提到的继承式和分化式两类，只不过是提出的角度不同。

骤变式的物种形成，最有代表性的是通过杂交和多倍体形成新物种。

杂交现象在自然界中极为广泛。如在700种以上的山楂中，大部分是杂交所形成的；在柳和蔷薇中也有许多杂交种，对物种的进化提供了良好的机会。

多倍体一般是由两个前存的物种间的杂种因染色体组的加倍所致（异源多倍体）。在这种情况下，多倍体的所有基因都是存在于其祖先里的，并未有新的产生。不过，由于祖先种会继续与多倍体同时存在，因此生物的多样性，就因染色体的加倍而额外增加了。

多倍体的物种形成虽然只限于一定的生物类群中，主要是在植物界；但它的重要性，也是极其可观的。大家知道，在大多数主要的植物群里，都发现有多倍体。近年来，在低等脊椎动物中，尤其是鱼类、两栖类中也发现有多种类型的多倍体。

4. 动植物新种形成方式上的区别

动物与植物相比，在物种形成上存有差异，有些则十分明显。动物的体制，一般比植物复杂，尤其是感觉器官发达，并有种类繁多的行为模式；动物的整体性也强。因此，行为隔离在动物物种形成中起重要作用。植物中则无这类情况。

在植物中，营养器官繁殖很普遍，单性不经交配可长期繁衍后代。杂交所产生的后代，即使不育，也可通过营养体繁殖而将其遗传型传播到群体中去。

需要强调的是，植物比动物容易形成多倍体。造成这种现象的原因，一般认为植物中较多的是雌雄同体，如出现二倍体的配子就比较有机会彼此相遇，从而形成多倍体。一个同源四倍体植物如与另一个同源四倍体植物杂交，就可能形成异源四倍体新种。此外，植物中自花受精也相当普遍，动物中则几乎没有。

知识点

多 倍 体

多倍体，体细胞中含有三个以上染色体组的个体，多倍体在生物界广泛存在，常见于高等植物中。

多倍体的形成有两种方式，一种是本身由于某种未知的原因而使染色体复制之后，细胞不随之分裂，结果细胞中染色体成倍增加，从而形成同源多倍体；另一种是由不同物种杂交产生的多倍体，称为异源多倍体。

▶▶▶ 延伸阅读

遗传常识

遗传是指经由基因的传递，使后代获得亲代的特征。遗传学是研究此一现象的学科，目前已知地球上现存的生命主要是以 DNA 作为遗传物质。除了遗传之外，决定生物特征的因素还有环境，以及环境与遗传的交互作用。

生物遗传依靠 DNA 复制完成。

DNA 复制是指以亲代 DNA 分子为模板合成子代 DNA 过程。这一过程是在有丝分裂间期和减数第一次分裂的间期，随染色体的复制而完成的。

DNA 复制是一个边解旋边复制的过程。复制开始时，在解旋酶的作用下，两条螺旋的双链被解开，这个过程叫做解旋。然后，以解开的每一条母链作为模板，以周围环境中游离的 4 种脱氧核糖核酸为原料，按照碱基互补配对的原则，在其他酶的作用下，各自合成与母链互补的一段子链。随着解旋过程的进行，新合成的子链也不断的延伸，同时，每条子链又与其对应的母链盘绕成双螺旋结构，从而各自形成一个新的 DNA 分子。新复制出的两个子代 DNA 分子，通过细胞分裂分配到子代细胞中。由于两条子代 DNA 分子中各有一条链来自亲代 DNA 分子，故而此种复制方式又被称做半保留复制。DNA 独特的双螺旋结构，为复制提供了精确的模板，通过碱基互补配对，保证了复制的准确性，同时，使遗传信息从亲代传给子代，从而保证了遗传信息的连续性。

大部分生物通过遗传信息来决定个体的性别。主要有三种方式：

XY：在大部分哺乳动物（包括人类）、果蝇和部分植物（如银杏）中，雌性有两条 X 染色体，雄性有一条 X 染色体和一条 Y 染色体。

X0：XY 系统的变异，在一些昆虫如草蛉和蟋蟀中，雄性只有一条 X 染色体（X0），雌性有两条（XX）。在某些动物中，XX 的是雌雄同体，X0 是雄性，如秀丽隐杆线虫。

ZW：在鸟类和部分昆虫中，雌性有两条不同的染色体（ZW），雄性有两条相同的染色体（WW）。

Z0：ZW 系统的变异，雌性只有一条染色体（Z0），雄性有两条（ZZ）。

双套/单套：雌性为双套，雄性为单套。常见的例子有膜翅目昆虫。有认为这种系统和这些昆虫多为社会性昆虫的原因。

物种的进化

在达尔文看来，物种形成与生物进化似乎是一回事，但事实上两者是有区别的。例如，任何基因频率的改变，不论其变化大小如何，都属进化的范围。而作为物种的形成，则必须当基因频率的改变在突破种的界限时方可成立。那么，它们两者的关系如何呢？大体可以有这样三个方面：

第一，物种形成是生物谱系进化中的一个主要环节。

生物的谱系进化包括门、纲、目、科、属、种、半种、亚种等顺序排列。种以上分类单元的进化称种上进化即巨进化；种以下分类单元的进化称种内进化即小进化，物种形成则在上述两者之间又称大进化。它是种上进化的起点，又是种内进化的终点。因而在整个谱系进化中，它是一个重要的环节。

第二，物种的形成为生物进化的不可逆性奠定基础。

物种的形成是种内连续性的间断，一般意味着生殖隔离的产生。新种一旦形成就增加了生物的稳定性，其所具有的性状和特性得到了巩固。因此，物种的形成是进化中不可逆性的基础。

第三，物种形成是生物多样性的根据。

物种形成本身就表示生物类型的增加。同时，它也意味着有新的生物以新的方式利用环境条件的开始，从而为生物的进一步发展开辟新的前景。例如，水生生物发展为陆生生物的进化开辟了道路。有花植物的出现，为昆虫的繁荣创造了条件；而昆虫的出现，则是食虫鸟类形成的前奏。这些鸟类的出现又促进了新的猎食兽类和寄生生物的进化，如此等等。

总之，物种的形成是生物进化的基本问题。没有物种的形成就没有进化，也无从谈生物界的系统发展。

古生物学不仅从大的类群方面证明了生物的进化，而且还在属和种的进化方面提供了许多具体的证据。在这方面研究得比较清楚的有马、象和骆驼等。

1. 马的进化

关于各个地质年代马的化石，在欧亚及美洲大陆都有连续的化石记录，因而对马的演化过程与其他动物相比较了解得最为详尽。

现代马在分类上是一个独立的属，即马属。这个属包括野马、斑马、驴等种。现代马又称真马，出现于上新世后期。它的前后肢只有中趾发展；臼齿高冠，齿面加大，属复杂的脊牙型。现代马善于奔跑。通过化石研究，证明真马是从原始的类型进化来的。

马的最古老的祖先于始新世开始出现，它们从森林生活转向草原及高原生活后，由于生活方式的改变，如在坚硬的土地上急走和以粗硬的草原植物为食等，促使了一些新类型的产生。这些新类型的特点是：（1）体型增高、变大；（2）趾数减少。中趾加强，侧趾退化；（3）臼齿由低冠变为高冠，齿面加大，齿面构造复杂化。例如：

始新世的始新马，也称始马，前肢 3 趾，后肢 3 趾；臼齿低尖型，6 个尖，低冠。

渐新世至中新世的渐新马，也称中马，前肢 3 趾尚有第 5 趾的遗迹，后肢 3 趾；臼齿脊牙型，低冠。

中新世晚期的中新马，也称买内马，前后肢都是 3 趾，中趾着地；臼齿脊牙型，高冠，齿面加大。

上新世的上新马，结构与现代马相似。前后肢都只有中趾显露，第 2、4 趾完全丧失了它们祖先的功能，只剩下栓状的痕迹。牙齿也更为进化。

前观（未按比例）

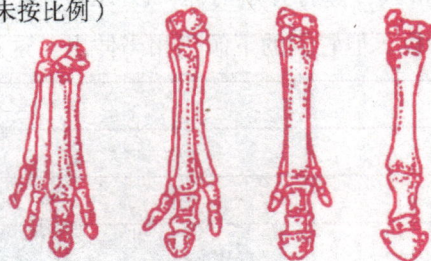

侧观（未按比例）

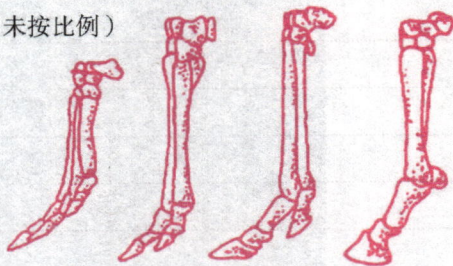

始祖马　渐新马　中新马　马属

马的进化示意图

最古老的始马体型如狐，始新世后历代代表不断增大，而发展到现代马的高大类型。

马的进化中，头部增长、体型增大以及趾（指）数发生变化。

真马是通过家养训化逐渐形成了各种马的品种，有善跑的马，也有善于挽重的马等。

2. 象的进化

跟马的进化相类似，象的化石也极为丰富。现在地球上的象有两种，一种是生活在埃塞俄比亚地区的非洲象；另一种是生活在印度和缅甸的印度象。

现代象的最早祖先是满利象兽，也称始祖象。它们是始新世晚期到渐新世早期生活在北部非洲的一种兽类。始祖象有 36 枚牙齿，其上颌的第二门齿较突出，这是它可能演变为巨牙的一种依据。它们的鼻骨也稍稍前伸，也许当时就有一个短的象鼻了。

渐新世象的祖先是埃及象兽和古柱牙象。它们上颌的一对门齿已显出象牙的形式，鼻骨开始前伸，以支持一对原始的象牙。这些象的牙齿总数已减少到 26 枚。但它们的下颌仍相当伸出，这是与现代象的不同之处。

现代象

中新世的象类型有好几种。例如出现在亚洲的掩齿象，它的象鼻已有相当长度，牙齿总数约 12 枚。象牙已相当突出，下颌则较短。它们被认为是现代象的理想祖先。还有一种叫嵌齿象，与掩齿象的外形相似，但由于它的下颌也很长，几乎拖到地面，因此不可能是现代象的祖先。

上新世在北美和南美的长鼻类是柱牙象，它们在那里一直生活到更新世末。柱牙象居住在森林里，牙齿上有乳头状尖突，因而更适应于用它来切割树的枝和根。此外，另一种长鼻类即猛犸。它与现代非洲象和亚洲象十分相似。

现代象是一类高大的哺乳动物。但始祖象却如猪一般肩高约 0.6 米，埃及象兽肩高 1 米以上，掩齿象约 2 米。再后一点的柱牙象体型更大，肩高已接近 3 米，甚至超过现代的印度象。

知识点

基因频率

基因频率是指在一个种群基因库中，某个基因占全部等位基因数的比例。种群中某一基因位点上各种不同的基因频率之和以及各种基因型频率之和都等于 1。对于一个种群来说，理想状态下种群基因频率在世代相传中保持稳定，然而在自然条件下却受基因突变、基因重组、自然选择、迁移和遗传漂变的影响，种群基因频率处于不断变化之中，使生物不断向前发展进化。

延伸阅读

人类的退化器官

在《人类的由来》一书的开头，达尔文确定了 12 处人类退化器官的解剖学特征，并抑制不住内心的喜悦，将它们称为"无用的或近乎无用的，因此不再受自然选择的支配"。达尔文发现的人类退化器官包括体毛、智齿和尾骨等。

其实，达尔文发现的只是人类退化器官的一部分，在我们身上还存在着更多的没用器官。它们有的是消失过程中存在，有的是在被其他器官同化的过程中消失，还有的是无所事事地为了存在而存在。

鼻窦：位于眉心稍上一点的，由额窦、上颌窦、筛窦和蝶窦等几部分组成。早期人类的鼻窦与嗅觉灵敏的动物一样，鼻窦内充满了气味受体，这有助于他们追踪猎物和逃避危险。而现在它存在的意义除了将吸入的空气变得温暖湿润外，只能给人带来烦恼的眩晕和炎症。

智齿：在人类单以植物为生时，它的存在至关重要。它与白齿相配合，为人类咀嚼出急需的能量。

阑尾：这是个狭长、有力的管子，连接到大肠，当人类体内植物纤维多于动物蛋白质时，阑尾可以作为一个特殊的区域消化醋酸。它还可以产生白细胞。每年美国有30万人，中国有90万人做阑尾切除手术，而日本与瑞典等国有将新生儿阑尾切除的习惯，不等到日后发生炎症时再手术去除。

体毛：据说原始人类头上毛发浓密的原因是为了避免树上的坚果落下砸伤头顶，眉毛可以防止汗水流进眼里。此外男性面部毛发可能在雌性选择性伙伴时有提示意义。然而，现在我们身上的绝大多数毛发失去原始的意义。

尾骨：大多数哺乳动物仍然用它来保持平衡和进行交流，在人类身上所剩的就是骨盆最下直径2.3厘米，长1.7厘米，稍有点后翘的尾椎骨了。作为累赘，它的存在可不是一天两天了，差不多有数万年时间，当我们的祖先开始直立行走前就已经不需要尾巴了。一百多年前，解剖学家乔治.麦克克力第一次将此器官呈现在人们面前。人类尾骨的种类繁多，但通常都由三到五块椎骨组成。在极少见的情况下，有的婴儿出生时就没有尾骨，或是带着尾巴。曾经有人提出尾骨可以帮助稳定小肌肉，还可以支撑骨盆器官。可是通过手术将其去除，对人的健康和其他功能未见任何影响。

物种进化简史

大约在 38 亿年前，一个原始的地壳形成，其上布满了湖泊、水池和水洼，混合着火山灰。

当时火山活动频繁，大气主要由氮气、一氧化碳、水蒸气和氢气等构成。太阳紫外线辐射强烈，闪电、宇宙射线等提供了各种形式的能量。

地球上的各种气体成分之间发生了一系列的化学反应，形成了简单低分子量的有机物。这些简单低分子量的有机物与地表水体相互作用，形成了含有有机化合物的水溶液。这些含有有机化合物的水溶液最终汇集到原始的海洋中，孕育出原始的原核生物。

这些原核生物可能是厌氧型原核生物，也可能是自养型的，以二氧化碳作为唯一的碳源进行硫呼吸（氢被硫氧化产生硫化物）获得能量。随着光合细菌和蓝藻这一类光合自养生物的产生，大气中开始出现氧气。氧气含量的增加，为真核生物的产生创造了条件。

大约在 19 亿年前，单细胞真核生物诞生。

大约在 12 亿年前，最原始的单细胞动物诞生。

大约在 10 亿年前，高级藻类出现。

在距今约 5.8 亿年前，埃迪卡拉动物群出现。

在距今约 5.6 亿年前，埃迪卡拉动物群集群灭绝。在距今约 5.44 亿年前，突然出现大量多样性很高的多细胞动物，其面貌与埃迪卡拉动物群迥然不同。人们把这一现象称之为"寒武纪大爆发"。

寒武纪（5.7 亿~5.1 亿年前）最显著的特点，就是具有硬壳的不同门类的无脊椎动物如雨后春笋般的出现，这些动物，包括节肢动物、软体动物、腕足动物、古杯动物以及笔石、牙形刺等。它们的飞速涌现，形成了生物大爆炸的壮观局面，带来了生物从无壳到有壳这一进化历程中的重大飞跃。

试想，在寒武纪之前，地球上一遍荒寂，海洋中的生物寥寥无几，那时的

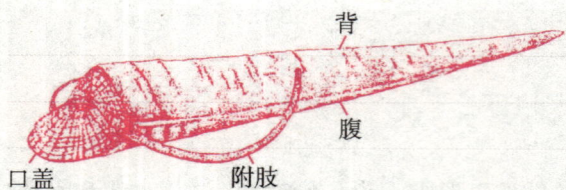

古杯动物结构示意图

世界与寒武纪有多么巨大的差异啊。只有到了寒武纪，地球才呈现出欣欣向荣的面貌，而改变地球面貌的恰恰是这些众多的生物。

生物从无壳到有壳，给我们带来了两方面的信息，首先是生存环境向更有利的方面变化，寒武纪时浅海面积扩大，海水温暖，含有正常盐分和大量溶解了的碳酸钙，满足了无脊椎动物分泌硬体骨骼的需要；其次，生物具备硬壳后通过变革改变了栖息条件同时增强了自我保护功能，在生存竞争中向有利于自身方面发展。

但寒武纪时期的动植物只生活在海洋里，陆地上只有少量原核生物。这一时期的代表动物是三叶虫和鹦鹉螺。三叶虫出现后，在整个早古生代（包括寒武纪、奥陶纪和志留纪）都可作为众多生物的代表，它们和许多其他生物一起共同揭开了地球走进生物多样化的序幕，从此，一个欣欣向荣的生物世界才真正出现。

晚古生代时三叶虫数量随着门类众多的海洋无脊椎动物的大量涌现而减少，中生代到来时终于绝灭。

寒武纪末，无颌类在海洋中诞生，成为最早的脊椎动物。

4.7亿年前，绿藻开始移居到陆地的气生环境中；紧接着，真菌类也开始移居到陆地的气生环境中。绿藻与真菌的共生体即为地衣。4.38亿年前，苔藓植物在陆地上诞生。

4亿年前，蠕虫和节肢动物在陆地上生存下来。

3.6亿年前，蕨类植物在陆地上诞生。

奥陶纪是早古生代海侵最广泛的时期，这为无脊椎动物的进一步发展创造了有利的条件。这一时期，海生无脊椎动物不仅门类和属种大量丰富，在生态习性上也有重要的分异。主要生物种类除三叶虫外，还有笔石、鹦鹉螺、牙形刺动物、腕足类、腹足类等，奥陶纪还出现了原始的鱼形动物——无颌类。在当时的海洋中，各式各样的笔石随处漂荡，各种鹦鹉螺在四处觅食，三叶虫及腕足类在海百合组成的"丛林"中缓缓爬行，还有许多蠕虫类和节肢动物藏匿在藻丛和泥沙中，一派生机勃勃的景象。

谈到奥陶纪就不能不涉及鹦鹉螺，因为这种动物在奥陶纪的海洋中非常繁盛。鹦鹉螺属于头足类动物，而头足类全部生活在海洋中，从浅海到大洋深处，从热带到寒带都有它们的踪迹。如果我们把无脊椎动物称做低等动物，脊椎动物（包括人类）为高等动物，那么头足类就是低等动物中最高级的种类。

在生物分类位置上，头足类被称做头足纲，包括乌贼、章鱼和鹦鹉螺等。它们的身体两侧对称，头部极其发达，具有一对锐利的眼睛。之所以称它们为头足类，是因为它们的头和足全都发育在身体的同一侧，足在头部的口周围分裂成 8~10 条腕或触手，能够捕抓猎物、抵御敌害。

头足纲属于软体动物门，因此也具有壳，只不过有的种类壳在体外，有的种类壳在体内或者退化消失。头足类具有由头部神经节组成的脑，雌雄异体，因此无论从哪个角度来说，头足类都是在无脊椎动物中与众不同、非常进步的生物，它们从寒武纪时就已出现，迅速在奥陶纪发展成为海洋中的一霸。

奥陶纪海洋中分布最广的头足类是角石。角石具有坚硬的外壳，顾名思义，角石外壳的形状像牛或羊的角，一般是直的，也可以是弯的或盘卷的。角石从开始发育到最终长成，壳的直径逐渐变大，肉体生长时不断前移并分泌钙质的壳，最后着生在壳体最前部，形成住室。住室后面向壳的尖端一方则形成一系列的气室，气室对角石的升降和平衡具有重要的作用。角石死亡以后，肉体通常很难保存，只有硬壳才能够保存成为化石。

角石壳的外表不一定都是光滑的，许多种类壳的表面发育有不同的纹饰，如结节、瘤、各种横纹、竖纹等，体内隔壁、体管等构造也很不相同，它们都是重要的鉴定依据。

志留纪（4.38 亿~4.09 亿年前）末，棘鱼类、盾皮鱼类和软骨硬鳞鱼类产生。

4亿年前，软骨鱼（最原始的鲨鱼——裂口鲨）诞生。

泥盆纪（4.09亿～3.55亿年前）晚期，肉鳍鱼类进化出早期的两栖动物——鱼石螈，标志着脊椎动物由水生向陆生的转变。

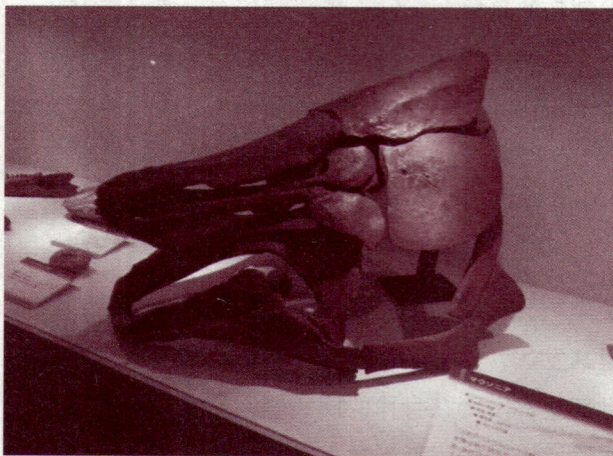

3.5亿年前，蕨类植物已相当繁茂，两栖动物也得到长足发展。

石炭纪（3.55亿～2.9亿年前）也因此成为两栖动物和蕨类植物的时代。

晚石炭纪，两栖纲进化出爬行纲。

裂口鲨骨骼化石

石炭纪末期，裸子植物产生。

二叠纪（2.9亿～2.5亿年前）末，全骨鱼类诞生。

三叠纪（2.5亿～2.05亿年前）早期，爬行纲发展迅速，并开始重返大洋，鱼龙类、幻龙类和蛇颈龙类在这一时期出现。

三叠纪晚期，恐龙和最原始的哺乳动物出现。

侏罗纪（2.05亿～1.35亿年前）和白垩纪（1.35万～6500万年前）时期，恐龙发展迅速，演化出多个门类。

中生代（2.5亿～6500万年前）也因此成为爬行动物和裸子植物的时代。侏罗纪晚期，被子植物和最早的鸟类诞生。

大约在300万年前，南方古猿从哺乳纲灵长目的一支进化而来，并最终进化到今天的人类。

地质年代与物种进化

宙	代	纪	世	主要物种进化			
				动物		植物	
显生宙	新生代 Kz	第四纪	全新世	人类出现		现代植物时代	
			更新世				
		新近纪	上新世	哺乳动物时代	古猿出现 灵长类出现	被子植物时代	草原面积扩大 被子植物繁殖
			中新世				
		古近纪	渐新世				
			始新世				
			古新世				
	中生代 Mz	白垩纪		爬行动物时代	鸟类出现 恐龙繁殖 恐龙、哺乳类出现	裸子植物时代	被子植物出现 裸子植物繁殖
		侏罗纪					
		三叠纪					
	古生代 Pz	二叠纪		两栖动物时代	爬行类出现 两栖类繁殖	孢子植物时代	裸子植物出现 大规模森林出现 小型森林出现 陆生维管植物
		石炭纪					
		泥盆纪		鱼类时代	陆生无脊椎动物发展和两栖类出现		
		志留纪					
		奥陶纪		海生无脊椎动物时代	带壳动物爆发		
		寒武纪					
元古宙	新元古	震旦纪			软躯体动物爆发		
	中元古			低等无脊椎动物出现		高级藻类出现 海生藻类出现	
	古元古						
太古宙	新太古			原核生物（细菌、蓝藻）出现 （原始生命蛋白质出现）			

知识点

真核生物

真核生物是所有单细胞或多细胞的、其细胞具有细胞核的生物的总称，它包括所有动物、植物、真菌和其他具有由膜包裹着的复杂亚细胞结构的生物。

真核生物与原核生物的根本性区别是前者的细胞内含有细胞核，因此以真核来命名这一类细胞。许多真核细胞中还含有其他细胞器，如线粒体、叶绿体、高尔基体等。

➡ 延伸阅读

氮对植物生命活动的影响

植物需要多种营养元素，而氮素尤为重要。从世界范围看，在所有必需营养元素中，氮是限制植物生长和形成产量的首要因素。它对改善产品品质也有明显作用。

氮的营养功能

氮是作物体内许多重要有机化合物的组分，例如蛋白质、核酸、叶绿素、酶、维生素、生物碱和一些激素等都含有氮素。氮素也是遗传物质的基础。在所有生物体内，蛋白质最为重要，它常处于代谢活动的中心地位。

1. 蛋白质的重要组分

蛋白质是构成原生质的基础物质，蛋白态氮通常可占植株全氮的 80% ～ 85%，蛋白质中平均含氮 16% ～ 18%。在作物生长发育过程中，细胞的增长和分裂以及新细胞的形成都必须有蛋白质参与。缺氮时因新细胞形成受阻而导致植物生长发育缓慢，甚至出现生长停滞。蛋白质的重要性还在于它是生物体生命存在的形式。一切动、植物的生命都处于蛋白质不断合成和分解的过程之中，正是在这不断合成和不断分解的动态变化中才有生命存在。如果没有氮素，就没有蛋白质，也就没有了生命。氮素是一切有机体不可缺少的元素，所以它被称为生命元素。

2. 核酸和核蛋白的成分

核酸也是植物生长发育和生命活动的基础物质，核酸中含氮15%～16%。无论是在核糖核酸（RNA）或是在脱氧核糖核酸（DNA）中都含有氮素。核酸在细胞内通常与蛋白质结合，以核蛋白的形式存在。核酸和核蛋白大量存在于细胞核和植物顶端分生组织。信息核糖核酸（mRNA）是合成蛋白质的模板，DNA是决定作物生物学特性的遗传物质，DNA和RNA是遗传信息的传递者。核酸和核蛋白在植物生活和遗传变异过程中有特殊作用。核酸态氮约占植株全氮的10%左右。

3. 叶绿素的组分元素

众所周知，绿色植物有赖于叶绿素进行光合作用，而叶绿素a和叶绿素b中都含有氮素。据测定，叶绿体占叶片干重的20%～30%，而叶绿体中含蛋白质45%～60%。叶绿素是植物进行光合作用的场所。实践证明，叶绿素的含量往往直接影响着光合作用的速率和光合产物的形成。当植物缺氮时，体内叶绿素含量下降，叶片黄化，光合作用强度减弱，光合产物减少，从而使作物产量明显降低。绿色植物生长和发育过程中没有氮素参与是不可想象的。

4. 许多酶的组分

酶本身就是蛋白质，是体内生化作用和代谢过程中的生物催化剂。植物体内许多生物化学反应的方向和速度都是由酶系统控制的。通常，各代谢过程中的生物化学反应都必须有一个或几个相应的酶参加。缺少相应的酶，代谢过程就很难顺利进行。氮素常通过酶间接影响着植物的生长和发育。所以，氮素供应状况关系到作物体内各种物质及能量的转化过程。

物种灭绝简史

地球生命历程中的物种灭绝可以分为两类：常规灭绝和集群灭绝。

常规灭绝也称为背景灭绝，指在各个时期不断发生的灭绝。集群灭绝，指的是在相当短的时间内出现大规模的生物灭绝，往往涉及一些高级分类单元，如科、目、纲甚至更高级别的生物灭绝，此外，生态上和分类上无关的类群往往近乎同时灭绝。

集群灭绝之后往往伴随有适应辐射，因此在生物演化中起重要作用。

其中，奥陶纪末、晚泥盆纪、二叠纪末、三叠纪末和白垩纪末均发生过物种的集群灭绝。

4.4亿年前的奥陶纪末期，当时约85%的物种灭亡。古生物学家认为这次物种灭绝是由全球气候变冷造成的。

在大约4.4亿年前，现在的撒哈拉所在的陆地曾经位于南极，当陆地汇集在极点附近时，容易造成厚厚的积冰——奥陶纪正是这种情形。大片的冰川使洋流和大气环流变冷，整个地球的温度下降了，冰川锁住了水，海平面也降低了，原先丰富的沿海生态系统被破坏了，导致了85%的物种灭绝。

3.55亿年前的晚泥盆纪，海洋生物大量灭绝，如无颌类的莫氏鱼、缺甲类甲胄鱼、骨甲类甲胄鱼、异甲类甲胄鱼、花鳞鱼类、盔甲鱼类、盾皮鱼类和切颈鱼类均在这一时期灭绝。这次物种灭绝的原因可能也是全球气温下降和海洋退却。

距今约2.5亿年前的二叠纪末期，发生了有史以来最严重的大灭绝事件，估计地球上有96%的物种灭绝，其中90%的海洋生物和70%的陆地脊椎动物灭绝。三叶虫、海蝎以及重要珊瑚类群全部消失。陆栖的单弓类群动物和许多爬行类群也灭绝了。

这次大灭绝使得占领海洋近3亿年的主要生物从此衰败并消失，让位于新生物种类，生态系统也获得了一次最彻底的更新，为恐龙类等爬行类动物的进化铺平了道路。

科学界普遍认为，这一大灭绝是地球历史从古生代向中生代转折的里程碑。其他各次大灭绝所引起的海洋生物种类的下降幅度都不及其 1/6，也没有使生物演化进程产生如此重大的转折。

科学家认为，在二叠纪曾经发生海平面下降和大陆漂移，这造成了最严重的物种大灭绝。那时，所有的大陆聚集成了一个联合的古陆，富饶的海岸线急剧减少，大陆架也缩小了，生态系统受到了严重的破坏，很多物种的灭绝是因为失去了生存空间。

更严重的是，当浅层的大陆架暴露出来后，原先埋藏在海底的有机质被氧化，这个过程消耗了氧气，释放出二氧化碳。大气中氧的含量有可能减少了，这对生活在陆地上的动物非常不利。随着气温升高，海平面上升，又使许多陆地生物遭到灭顶之灾，海洋里也成了缺氧地带。地层中大量沉积的富含有机质的页岩是这场灾难的证明。这次大灭绝可能是由气候突变、沙漠范围扩大、火山爆发等一系列原因造成的。

距今 2.05 亿年前的三叠纪末期，估计有 76% 的物种，其中主要是海洋生物在这次灭绝中消失。这一次灾难并没有特别明显的标志，只发现海平面下降之后又上升了，出现了大面积缺氧的海水。

距今 6500 万年前白垩纪末期，是地球史上第二大生物大灭绝事件，约 75%~80% 的物种灭绝。在五次大灭绝中，这一次大灭绝事件最为著名，因以长达约 17000 万年之久的恐龙时代在此终结而闻名，海洋中的菊石

蛇颈龙复原图

类、鱼龙、幻龙、蛇颈龙也一同消失，同时空中还有翼龙和部分鸟类的灭绝。

这一次灾难可能来自于地球外空间的小行星撞击和地球上的火山喷发。在白垩纪末期发生的一次或多次陨星雨造成了全球生态系统的崩溃。撞击使大量的气体和灰尘进入大气层，以至于阳光不能穿透，全球温度急剧下降，这种黑云遮蔽地球长达数年之久，植物不能从阳光中获得能量，海洋中的大量藻类和陆地上成片的森林逐渐死亡，食物链的基础环节被破坏了，大批的动物因饥饿而死。

这次物种大灭绝最大的贡献在于消灭了地球上处于霸主地位的恐龙及其同类，并为哺乳动物及人类的最后登场提供了契机。

自从人类出现以后，特别是工业革命以后，由于人类只注意到具体生物源的实用价值，对其肆意地加以开发，而忽视了生物多样性间接和潜在的价值，使地球生命维持系统遭到了无情地蚕食。

科学家估计，如果没有人类的干扰，在过去的 2 亿年中，平均大约每 100 年有 90 种脊椎动物灭绝，平均每 27 年有一个高等植物灭绝。在此背景下，人类的干扰，使鸟类和哺乳类动物灭绝的速度提高了 100～1000 倍。

1600 年以来，有记录的高等动物和植物已灭绝 724 种。而绝大多数物种在人类不知道以前就已经灭绝了。经粗略测算，400 年间，生物生活的环境面积缩小了 90%，物种减少了一半，其中由于热带雨林被砍伐对物种损失的影响更为突出。估计从 1990～2020 年由于砍伐热带森林引起的物种灭绝将使世界上的物种减少 5%～15%，即每天减少 50～150 种。在过去的 400 年中，全世界共灭绝哺乳动物 58 种，大约每 7 年就灭绝一个种，这个速度较正常化石记录高 7～70 倍；在 20 世纪的 100 年中，全世界共灭绝哺乳动物 23 种，大约每 4 年灭绝一个种，这个速度较正常化石记录高 13～135 倍……

以下是一组来自国家环保总局的最新数据：中国被子植物有珍稀濒危种 1000 种，极危种 28 种，已灭绝或可能灭绝 7 种；裸子植物濒危和受威胁 63 种，极危种 14 种，灭绝 1 种；脊椎动物受威胁 433 种，灭绝和可能灭绝 10 种……

知识点

适应辐射

　　适应辐射在进化生物学中指的是从原始的一般种类演变至多种多样、各自适应于独特生活方式的专门物种（不包括亚物种，就是说它们相互之间不能交配的物种）的过程。而这些新物种虽然有差别，但却在一定程度上保留了原始物种的某些构造特点。它们各自占据了适合自己的小生境。适应辐射这个概念适用于进化史中一个短的时间段内。

　　适应辐射是由变异和自然选择所推动的。

延伸阅读

中国濒危植物保护现状

　　我国珍稀植物资源非常丰富，有不少是我国特有或世界上著名的贵重用材树种。长期以来，由于对珍稀植物保护不够，使其日益减少，有的甚至濒于绝迹。近50年来，我国约有200种植物灭绝；中国高等植物中受威胁物种已达4000~5000种，占总种数的15%~20%，高于世界10%~15%的水平。

　　我国珍稀濒危植物的保护工作主要由环保、林业、农业等部门负责。20世纪80年代初期我国正式启动了稀有濒危植物的研究和保护工作。多年来，我国开展了全国各地珍稀濒危植物调查、编制受威胁植物名录、就地保护和迁地保存等多方面的工作。

　　迁地保护：迁地保护作为挽救植物物种的重要举措，已被世界上越来越多的植物园所应用。植物园已成为进行稀有濒危植物迁地保护和研究的最理想基地。我国现已建成200余个各类植物园，但具有科研、植物保护、科普教育等综合功能的植物园仅 40 个左右。其中，中国科学院的 14 个植物园引种保存了约 2 万种高等植物，占全国植物园收集植物的 90% 左右，为国民经济持续发展储备了重要资源。如云南西双版纳植物园是我国首个万种植物战略资源保存基地，武汉植物园、华南植物园保存物种均已达到 8000 种以上，基本达到国际一流植物园的物种保护水平。

建立自然保护区：建立自然保护区是保护生态环境、生物多样性和自然资源最重要、最经济、最有效的措施。截至到 2007 年，我国已建立 2531 个自然保护区，总面积 15188 万公顷。其中，国家级自然保护区 303 个，面积 9365.6 万公顷，分别占全国自然保护区总数和总面积的 12%、61.7%。有 28 处自然保护区加入联合国教科文组织"人与生物圈"保护区网络，有 33 处列入国际重要湿地名录，有 10 多处成为世界自然遗产地。

科学研究：随着科学的发展，濒危植物保护科学研究在不断深入。种群生存力分析法和"3S"技术，即遥感（RS）、地理信息系统（GIS）、全球定位（GPS）以及计算机技术和网络技术等在保护生物学和野生动植物管理方面取得了长足发展，并广泛应用于濒危植物监测和管理中。

法律法规建设：我国先后颁布了《环境保护法》、《森林法》以及《自然保护区条例》、《野生植物保护条例》等一系列法律法规，形成了较为完善的法律管理体系；建立了生物多样性履约协调机制和生物物种资源保护管理部际联席会议制度；制定实施了《中国生物多样性保护行动计划》、《全国生态环境保护规划纲要》以及农业七大体系建设、林业六大工程以及种质资源保存等重大行动。

前寒武纪的物种灭绝

寒武纪的开始，标志着地球进入了生物大繁荣的新阶段。而在寒武纪之前，地球早已经形成了，只是在几十亿年的漫长过程中一片死寂，那时地球上还没有出现门类众多的生物。这样，科学家们便把寒武纪之前这一段漫长而缺少生命的时间称做前寒武纪。

前寒武纪约占全部地史时间的六分之五，由于没有足够的生物依据，我们对地球的这段历史知之甚少。

然而在前寒武纪末期的震旦纪，已有了明确的生物证据，在动物界出现了低等的小型具硬壳的物种，以及大量裸露的高级动物，后者就是发现于澳大利亚的埃迪卡拉动物群。在植物方面表现为高级藻类（如红藻、褐藻类等）的进一步繁盛，宏观藻类也得到飞速的发展，这时的地球已彻底改变一片死寂、毫无生气的面貌了。这段时间在生命演化历程中具有承前启后的意义。

前寒武纪简介

目前世界上最古老的岩石分布区是了解地壳早期面貌的物质基础。这些古老的岩石分布的面积相当有限，大致在南非、波罗的海沿岸、澳大利亚西部、西伯利亚、中国华北、北美大湖区等地。它们组成陆地的核心，从地壳构造角度看，称之为地盾，也有人认为这就是最早的板块，称为陆核。它表示地壳最稳定的部位。这些陆核或地盾上的岩石，几乎全由基性、超基性火山岩、酸性花岗岩类以及深度变质的沉积岩组成。

地球的历史约为46亿年，从地球的诞生到岩石圈、水圈、生物圈和大气圈的形成，用了约8亿年的时间；从生物大量的出现至今，大约历时5.7亿年；在此两段时间之间，还有32.3亿年，这段时间根据生物演化特点，又分为太古代和元古代两个时期，合称前寒武纪。

太古代的陆壳增长大致通过三个时期的地壳运动来实现。

第一次约发生在距今35亿年前，在西伯利亚的阿尔丹地盾和阿纳巴尔地盾上发生，构成世界上最早的稳定地块。

第二次地壳运动的时间发生在31亿~29亿年前，见于波罗的海沿岸、澳大利亚西部、北美大湖区及南非等地。

第三次地壳运动发生在距今25亿年前后，这是一次颇为强烈、影响很大的地壳运动，并使当时有限的沉积岩层发生变质作用。中国的冀东、辽东都深受影响，构成中国最古老岩石的所在地。通过这次运动，地球的历史已进入到25亿年前，也宣告太古代的结束。

进入元古代，虽然前期形成的古陆核仍继续存在，但面积还很小，而且彼此之间呈分离状态，像海洋中孤立的岛屿。

构成"岛屿"的古陆核虽然开始处于稳定的地壳环境中，但构成"海洋"的其他地壳却仍是活动性很强，只是比太古代时有些减弱。到了距今约20亿年前后，出现了一次遍及全球的造山运动，比较大面积的稳定区出现了，地壳上强烈的火山运动也暂告一段落。

在中元古和晚元古代时期，由于地幔的热力运动使它产生顶托与拉张作用。大陆地壳不断增厚，地壳运动以板块方式进行，发生分裂、漂移、并接等现象。太古代的陆核经过早元古代的造山运动使之扩大，有些还相互连接起来。

在距今14亿~8亿年前这段时间里，世界各地在不同时段内，发生过一些规模不同的地壳运动，随后趋向稳定。至此，自地球形成以来的强烈地壳运动终于告一段落。

太古代和元古代的环境

在距今40亿~35亿年前的太古代早期，原始水圈的水量不多，理由是发现当时的沉积岩只是个别现象。在这种少水、空气成分又不利于生物生存的环境里，当然缺乏生物。所以早期太古代地层中至今尚未找到较清楚的生物化石遗迹。

到了距今35亿~30亿年前的太古代中期，已有化石发现，而且沉积岩的数量与分布范围均有所扩大，由此可见这时的水圈分布已比较广泛。

到了距今30亿~25亿年前的太古代晚期，水圈又有所扩大，氧气开始增多，在距今27亿年前的地层中发现原始藻类化石。

到了早元古代，大气圈基本上还没有消失火山大气的特点，只是由于藻类的出现，植物的光合作用有所加强，还原性的大气由此可以进行氧化作用。

进入中元古代，气圈、水圈、生物圈都有明显的变化，大气中的含氧增加了，开始有利于生命的发育和成长。

到了晚元古代，火山作用明显减弱，大气中的含氧量可以获得较多的积累。在距今7亿~6亿年前的这段时间里，生物突然繁荣，其门类与数量之多都达到空前的程度。

就气候来看，距今7.5亿~5.5亿年前，曾有世界性的冰川出现，分布面积很大，这是地球上首次出现冰期。有意思的是，在冰川沉积层中也见到有非冰川的、属于温暖气候下的沉积物，可见当时已有冰期与间冰期的变化。

知识点

冰期与间冰期

冰期是地质历史上出现大规模冰川的时期；间冰期是两次冰期之间气候

变暖的时期。冰期时，冰川大规模扩张或前进；间冰期时，冰川消融后退。一个冰期与相邻的间冰期两个对立而又互相转化的气候期，组合成一个冰川周期。

　　一个地区的冰期与间冰期是在地质遗迹的鉴别的基础上，通过对比来确定的。为便于研究对比，科学家用地名命名冰期与间冰期，最先命名的就成为后来对比的依据。

延伸阅读

地球外圈层

　　地球圈层分为地球外圈和地球内圈两大部分。地球外圈可进一步划分为四个基本圈层，即大气圈、水圈、生物圈和岩石圈。

　　大气圈是地球外圈中最外部的气体圈层，它包围着海洋和陆地。大气圈没有确切的上界，在2000～16000千米高空仍有稀薄的气体和基本粒子。在地下，土壤和某些岩石中也会有少量空气，它们也可被认为是大气圈的一个组成部分。地球大气的主要成分为氮、氧、氩、二氧化碳和不到0.04%比例的微量气体。

　　水圈包括海洋、江河、湖泊、沼泽、冰川和地下水等，它是一个连续但不很规则的圈层。从离地球数万千米的高空看地球，可以看到地球大气圈中水汽形成的白云和覆盖地球大部分的蓝色海洋，它使地球成为一颗"蓝色的行星"。地球水圈总质量约为地球总质量的三千六百分之一，其中海洋水质量约为陆地（包括河流、湖泊和表层岩石孔隙和土壤中）水的35倍。如果整个地球没有固体部分的起伏，那么全球将被深达2600米的水层所均匀覆盖。大气圈和水圈相结合，组成地表的流体系统。

　　由于存在地球大气圈、地球水圈和地表的矿物，在地球上这个合适的温度条件下，形成了适合于生物生存的自然环境。人们通常所说的生物，是指有生命的物体，包括植物、动物和微生物。据估计，现有的植物约有40万种，动物约有110多万种，微生物至少有10多万种。据统计，在地质历史上曾生存过的生物约有5～10亿种之多，然而，在地球漫长的演化过程中，绝大部分都已经灭绝了。现存的生物生活在岩石圈的上层部分、大气圈的下层部分和水圈的全部，构成了地球上一个独特的圈层，称为生物圈。生物圈是太阳系所有行星中仅在地球上存在的一个独特圈层。

对于地球岩石圈，除表面形态外，是无法直接观测到的。它主要由地球的地壳和地幔圈中上地幔的顶部组成，从固体地球表面向下穿过地震波在近33千米处所显示的第一个不连续面（莫霍面），一直延伸到软流圈为止。

前寒武纪的物种

太古代时期的火山和板块运动非常活跃，而且那个时候地球的地壳比现在的要来得薄，因此在很多地方可能都存在断层、开裂等现象。大块的大陆直到太古代晚期才出现，大部分时候，大陆以小块原始大陆的形式存在而剧烈的地质运动使得它们无法整合。

大气层在太古代已经形成，温度应该和现在差不多，但是浓度要高很多。大气层刚刚形成的时候主要成分应该是氦气和氢气。但是随着地球不断从内部释放出高温气体，大气层的主要成分逐渐变为二氧化碳，兼有甲烷、氮气和水。这一推测得到了化石证据的支持。这些温室气体防止了地球随着地质活动的减缓而逐渐冷却，因此是产生生命最重要的前提之一。

太古代早期，海水中逐渐形成了一种类似蛋白质的有机质，慢慢就成为最原始的生命体。大约在距今约34亿年前，原始海洋里出现了能够进行光合作用的蓝藻。虽然在早期就开始有蓝藻等原核生物出现，但那时形成的岩石在漫长的时期内经过了深度的变质，因此保留下来的可靠的化石非常少。

元古代时期，海水里的生命活动明显地加强了，生物界由原核细胞形式演变为真核细胞形式，但演变的过程和时间还不清楚。这时细菌和蓝藻开始繁盛，后来又出现了红藻、绿藻等真核藻类。

藻类在生长过程中黏附海水中的沉积物颗粒形成层纹状结构物，称做叠层石，叠层石是地球上最早的生物礁，出现于太古代而在元古代达到顶盛。除了藻类生物外，元古代结束前，海洋里出现了一些如海绵等低等无脊椎动物。

藻类和细菌开始繁盛，到晚期无脊椎动物偶有发现。与太古代相比，这一代的岩石变质程度较浅，并有一部分未经变质的沉积岩。

元古代早期火山活动仍相当频繁，生物界仍处于缓慢、低水平进化阶段，生物主要是叠层石以及其中分离得到的生物成因有机碳和球状、丝状蓝藻化石，由于这些光合生物的发展，大气圈已有更多的氧气。

在 19 亿年前，大陆地壳不断增厚，开始发育有盖层沉积，地球表面始终保持着一种十分有利于生命发展的环境。

蓝藻和细菌继续发展，到距今 13 亿年前，已有最低等的真核生物——绿藻出现。在元古代晚期，盖层沉积继续增厚，火山活动大为减弱，并出现广泛的冰川，从此地球具有明显的分带性气候环境，为生物发展的多样性提供了自然条件，著名的后生动物群——澳大利亚埃迪卡拉动物群就出现在这个时期。

知识点

原核细胞

原核细胞是组成原核生物的细胞。这类细胞主要特征是没有以核膜为界的细胞核，同时也没有核膜和核仁，只有拟核，进化地位较低。

结构含有：荚膜，细胞壁，细胞膜，脱氧核糖核酸分子，中膜体或间体，能源，核糖体，鞭毛等等。

▶▶▶ **延伸阅读**

光合作用简介

植物与动物不同，它们没有消化系统，因此它们必须依靠其他的方式来进行对营养的摄取。就是所谓的自养生物。对于绿色植物来说，在阳光充足的白天，它们将利用阳光的能量来进行光合作用，以获得生长发育必需的养分。

这个过程的关键参与者是内部的叶绿体。叶绿体在阳光的作用下，把经由气孔进入叶子内部的二氧化碳和由根部吸收的水转变成为淀粉，同时释放氧气。

进行光合作用的细菌不具有叶绿体，而直接由细胞本身进行。属于原核生物的蓝藻（或者称"蓝细菌"）同样含有叶绿素，和叶绿体一样进行产氧光合作用。

事实上，目前普遍认为叶绿体是由蓝藻进化而来的。其他光合细菌具有多种多样的色素，称做细菌叶绿素或菌绿素，但不氧化水生成氧气，而以其他物质（如硫化氢、硫或氢气）作为电子供体。不产氧光合细菌包括紫硫细菌、紫非硫细菌、绿硫细菌、绿非硫细菌和太阳杆菌等。

震旦纪灭绝的物种

从距今8亿年前开始，地球进入震旦纪，大约在12亿~6亿年前，有细胞核、细胞器分化的真核生物出现了，从此地球进入了一个生命大发展的阶段。这时期的海洋生物主要是蓝藻、红藻和绿藻，原生动物大概也是在这个时期出现的，到距今6亿年前时，已经有浮游动物、杯海绵和腔肠动物了。

震旦为中国之古称，作为地层专名，始于德国 F. von 李希霍芬。1922 年 A. W. 葛利普根据对中国地层的研究重新厘订震旦系的涵义，正式提出震旦系是系一级的地层单位。1924 年李四光、赵亚曾在长江三峡地区建立完整的震旦系剖面；后来高振西等在蓟县建立了华北地区的震旦系标准剖面。

在震旦纪时，不仅中国许多地方发现有冰川沉积，而且在澳大利亚、非洲、南美、北美、亚欧等大陆上普遍出现冰川，这是已知的具有世界意义的最古老的一次冰期——震旦纪大冰期。

这次大冰期至少可能包括两期：一是 7.4 亿～7 亿年前，冰碛层分布最广；一是 6.5 亿年前。在前一冰期之后，许多地方形成膏盐和白云岩沉积，说明气候转为干燥炎热。在后一冰期之后，世界许多地方发现了以埃迪卡拉动物群为代表的软体裸露动物群，这也说明气候状况有很大变化。

震旦纪时期形成的沉积矿产主要有铁、锰、磷、天然气和盐类等。具代表性的有中国湘、鄂一带南沱组的锰矿，川西观音崖组的铁矿，湘、鄂、黔地区陡山沱组的磷矿，川、黔地区灯影组的天然气和盐类等。在世界范围内，震旦纪是磷矿和盐类的重要成矿时期。

人们通常把震旦纪叫藻类时代。这一时期应该是寒武纪生命大爆发的准备阶段，相信还有许多我们目前尚不得知的准节肢动物活动在这一时期。

震旦纪时生物界的演化较前迅速，形成一些有特色的生物群。微古植物群在早震旦世以球藻群为主，并出现了巨囊藻、捷菲鲍里藻等属；宏观藻类以丘阿尔藻、寿县藻和塔乌藻等属为主。

至晚震旦世时，微古植物群中的分子形态多样，属种繁多，以刺球藻群中个体较大或一些膜壳具有明显刺状构造的类型最为重要。晚震旦世的最大特征是后生动物大量出现和门类多样化。埃迪卡拉动物群即出现于这一时期。该动物群是一个以软躯体后生动物为主体的动物群。中国震旦纪地层中发现的主要为蠕形动物和腔肠动物，尤以蠕形动物分布最广。

埃迪卡拉动物群于 1947 年在澳大利亚中南部地区的庞德砂岩层中首先被发现。最初人们未能确定这一动物群的时代，后来终于确定为前寒武纪，年龄为 6.7 亿年。

埃迪卡拉动物群包含三个门，19 个属，24 种低等无脊椎动物。三个门是：腔肠动物门、环节动物门和节肢动物门。水母有 7 属 9 种；水螅纲有 3 属 3 种；海鳃目（珊瑚纲）有 3 属 3 种；钵水母 2 属 2 种；多毛类环虫 2 属 5 种；

节肢动物2属2种，多保存为印痕化石。尽管它们的形态、结构都很原始，但它们被认为是20世纪古生物学最重大的发现之一。这一发现使科学界摈弃了长期以来认为在寒武纪之前不可能出现后生动物化石的传统观念。所谓后生动物即是指相对于原生动物的各种多细胞动物。

埃迪卡拉动物群包含了多种形态奇特的动物化石：身体巨大而扁平、多呈椭圆形或条带形，具有平滑的有机质膜，是人们迄今为止发现的最古老、最原始的化石，也是在太古代地层中发现的最有说服力的生物证据。

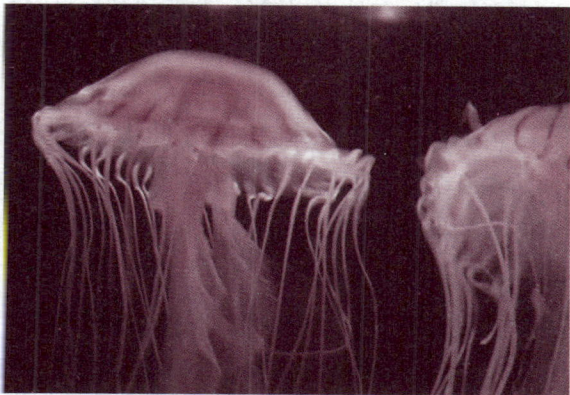

一般认为，埃迪卡拉动物群可分为辐射状生长、两极生长和单极生长3种类型。除辐射状生长的类型中可能有与腔肠动物有关系的类群外，其他两类与寒武纪以后出现的生物门类无亲缘关系。

水 母

尽管有关埃迪卡拉（型）动物群的性质还有许多争议，但其奇怪的形态令许多学者相信，埃迪卡拉（型）动物群是后生动物出现后的第一次适应辐射，它们采取的不同于现代大多数动物采取的形体结构变化方式。不增加内部结构的复杂性，只改变躯体的基本形态，变得非常薄，成条带状或薄饼状，使体内各部分充分接近外表面，在没有内部器官的情况下进行呼吸和摄取营养，如现代大型寄生动物涤虫。现代大多数动物采取的是保持浑圆或球形的外部形态的同时，进化出复杂的内部器官来扩大相应的表面积（如肺、消化道）。

从化石上可以看出，这些生物已具有了高度分化的组织和器官，说明它们已不是最原始的类型。它们代表了后生动物出现以后的第一次辐射演化，因此，可以认为埃迪卡拉（型）动物群是在元古宙末期大气氧含量较低的条件下后生动物大规模占领浅海的一次尝试，结果失败了，从而导致灭绝。

在后来的演化过程中，后生动物采取了第二种方式，使内部的器官复杂化和物种多样化的发展，即生物系统演化。

这一生物群的主要代表物种有：

三臂盘：这种生物极具美感，它的身体为圆盘状，呈三辐射对称。其分类位置难以确定，可能与海星、海胆之类的棘皮动物有关，也可能是一种灭绝门类的代表。

恰尼盘海笔：身体巨大，呈叶状，叶柄两侧有许多对生或互生的羽叶，叶柄始端有个球形固着器。其形态特征与现生腔肠动物中的海笔类非常相似，但其叶状的外形和固着底栖的生活方式似乎表明它有属植物的可能性。究竟它们是动物还是植物？至今仍然是个谜。

狄更松虫：身体椭圆形或长椭圆形，呈薄饼状，长度可达 1 米，厚度却只有几毫米，两侧对称，明显分节，可能通过表皮摄取营养。其形态特征与现代海洋中的一种多毛类环节动物颇为相似，但后者的个体很小，靠寄生生活。

莫森似水母：个体较大，圆形，简单辐射对称，直径约 10 厘米。自中心向外分为三个环：内环中央为一圆突起，周围有 1～2 圈疣状小突起；中间环由 2～3 圈瘤状突出组成，突起向外变大；外环放射状深裂成叶片。这种动物貌似水母却不具有四辐对称的特征，看似柔软但可在沉积物表面留下深刻的印痕，不软不硬，令人称奇。

斯普里格虫：这种动物有一个新月形的"头盔"，身体两侧对称，分节，有些像现代的多毛类环节动物，但没有发现口和消化器官，也没有发现爬行的痕迹。难道它真的是不吃不喝吗？人们还不得而知。

知识点

无脊椎动物

无脊椎动物是背侧没有脊柱的动物，它们是动物的原始形式。其种类数占动物总种类数的 95%。分布于世界各地，现存约 100 余万种。包括棘皮动物、软体动物、腔肠动物、节肢动物、海绵动物、线形动物等。

无脊椎动物的神经系统呈索状，位于消化管的腹面；而脊椎动物为管状，位于消化管的背面。

无脊椎动物的心脏位于消化管的背面；脊椎动物的位于消化管的腹面。

无脊椎动物无骨骼或仅有外骨骼，无真正的内骨骼和脊椎骨；脊椎动物有内骨骼和脊椎骨。

延伸阅读

冰期的成因

学者们提出过种种解释，但至今没有得到满意的答案。归纳起来，主要有天文学和地球物理学成因说。

天文学成因说主要考虑太阳、其他行星与地球间的相互关系。

1. 太阳光度的周期变化影响地球的气候。太阳光度处于弱变化时，辐射量减少，地球变冷，乃至出现冰期气候。米兰科维奇认为，夏季北半球高纬区太阳辐射量的减少是导致冰期发生的可能因素。

2. 地球黄赤交角的周期变化导致气温的变化。黄赤交角指黄道与天赤道的交角，它的变化主要受行星摄动的影响。当黄赤交角大时，冬夏差别增大，年平均日射率最小，使低纬地区处于寒冷时期，有利于冰川生成。

地球物理学成因说的影响因素较多，有大气物理方面的，也有地理地质方面的。

1. 大气透明度的影响。频繁的火山活动等使大气层饱含着火山灰，透明度低，减少了太阳辐射量，导致地球变冷。

2. 构造运动的影响。构造运动造成陆地升降、陆块位移、视极移动，改变了海陆分布和环流形式，可使地球变冷。云量、蒸发和冰雪反射的反馈作用，进一步使地球变冷，促使冰期来临。

3. 大气二氧化碳的屏蔽作用。二氧化碳能阻止或减低地表热量的损失。如果大气中二氧化碳含量增加到今天的 2～3 倍，则极地气温将上升 8℃～9℃；如果今日大气中的二氧化碳含量减少 55%～60%，则中纬地带气温将下降 4℃～5℃。在地质时期火山活动和生物活动使大气圈中二氧化碳含量有很大变化，当二氧化碳屏蔽作用减少到一定程度，则可能出现冰期。

古生代的物种灭绝

古生代意为远古的生物时代，持续了3500万年，对动物界来说，这是一个重要时期。它以一场至今不能完全解释清楚的进化拉开了寒武纪的序幕。寒武纪动物的活动范围只限于海洋，但在古生代的延续下，有些动物的活动转向干燥的陆地。古生代后期，爬行动物和类似哺乳动物的动物出现。

在古生代，共发生过三次大的物种灭绝事件：第一次物种大灭绝发生在4.4亿年前的奥陶纪末期，由于当时地球气候变冷和海平面下降，生活在水体的各种不同无脊椎动物便荡然无存。第二次发生在距今约3.55万年前的泥盆纪后期，历经2个高峰，中间间隔100万年，是地球史第四大生物灭绝事件。第三次发生在距今约2.5亿年前的二叠纪末期，发生了有史以来最严重的大灭绝事件，估计地球上有96%的物种灭绝，其中90%的海洋生物和70%的陆地脊椎动物灭绝。

古生代简介

地壳形成以后，慢慢就出现了海洋，不过当时的海水很浅，几块小岛似的古陆散布在海洋中。后来随着地壳的变动，陆地不断扩大，地壳的厚度也随之增厚，海水也慢慢加深。有人计算过，每100万年可能使海水加深一米。

由于几次主要的大规模的地壳运动，到约距今7亿年的元古代晚期，地球上首次出现一个泛大陆（当时仅有的一块陆地，其面积很大），周围被泛大洋包围着。后来紧接着泛大陆出现分裂，分裂开的大陆发生漂移，到5.7亿年前的寒武纪初期时，泛大陆已经分裂成南半球的冈瓦纳大陆和北半球的古北美大陆、古欧亚大陆。

到奥陶纪时，地球上发生了一次剧烈的海底扩张，海底的山脉随之隆起，造成海平面上升，各大陆上出现大规模的海侵。所以当时的古北美大陆和我国大陆上都广泛地分布着当时的海相沉积及海洋生物。

到了距今4亿年前后的志留纪晚期，古欧洲大陆与古北美大陆由于大陆的相向漂移，发生冲撞，即所谓的加里东运动，致使其间的加里东海消失，形成新生的加里东山系，将欧美两个古大陆连接起来，这也是古生代早期最重要的地壳大规模运动。这个欧美联合大陆几乎持续了两亿年，直到中生代时期又重新分裂，出现了现在的大西洋。

在南半球与北半球之间，有一个开阔的海域相隔，这个海区，称为古地中海，或特提斯海。它基本上做东西向延伸。其北侧，即北半球诸大陆，合称为劳亚古陆；南半球的各洲连接在一起，称为冈瓦纳大陆。后来南半球大陆逐渐向北推进，与北半球大陆靠近，甚至碰撞，致使古地中海的范围逐渐缩小。

早期古生代将结束的时候，通过加里东造山运动，陆地面积扩大，出现了欧洲—北美古陆、西伯利亚古陆、中国古陆以及南半球的冈瓦纳古陆。各古陆之间，仍存在着一些海洋，成为地壳上的活动地带。

古生代晚期的地壳活动，也就表现在这些活动带内。出现许多新生的山系，把原先分隔的几块大陆连接起来，陆地面积进一步扩大，全球基本上形成一块完整的大陆。这块大陆称之为联合大陆，或泛大陆。

在这块联合大陆之外，是一个完整的海洋，称为泛大洋。所以在晚期古生代结束的时候，全世界只有一个大陆和一个大洋。

这块联合大陆上的地形，大致分为两类：新生的山系区，高峰峻拔，连绵不绝，就像现在的喜马拉雅山脉一样；而原先的古陆地区，则或是丘陵起伏，或是平畴千里，特别是滨海地带，还存在大大小小的沼泽湖泊，在那里生长着繁茂的森林。

当时的气候环境，北半球比较正常，自赤道带向北，低纬度海洋里是生物礁的密集地，大陆上则是蒸发岩与红色岩层的分布区。中纬度地区，是广漠无际的大片森林，甚至繁殖到北极圈附近。在北极圈范围内，也未曾发现古冰川遗迹，这说明，北半球整个地区，当时没有出现过严寒的冰天雪地环境。应该说，当时北半球到处是郁郁葱葱的森林景观。

但在南半球，却完全是另一番景象。冈瓦纳大陆上出现了规模空前的大陆冰盖，约1/3的面积都被冰原覆盖着，远远超过现在的南极洲冰盖。这个冰盖经历的时间也特别长久，估计在一亿年以上，至二叠纪才开始慢慢融化消失。所以如今在南半球各大陆上随处都能找到当时冰盖留下的大量遗迹。

知识点

大陆冰盖

大陆冰盖是指长期覆盖在陆地上的面积大于5万平方千米的冰体。自边缘向中心隆起、规模如南极或格陵兰的盾形冰体。又称大陆冰川，简称冰盖。

冰盖冰几乎不受下伏地形影响，自中心向四周外流；边缘部分自陆地向海洋伸展，一部分漂浮在海上的冰体称冰架（陆缘冰）、冰棚或冰障。冰架冰断裂、崩解后入海形成冰山。在北极和极区附近岛屿上，形态和特点与大陆冰盖相似的、但规模小得多的冰体称为冰帽或冰穹。

▶▶▶ 延伸阅读

"海底扩张"假说

20世纪60年代，两位英国海洋地质学家H. H. 赫斯和R. S. 迪茨提出了

"海底扩张"的假说。据测定，在太平洋洋底，海岭两侧的地壳向外扩张的速度是每年5~7厘米；在大西洋是每年1~2厘米。大洋底部的地壳面貌大约需要经过两三亿年的变迁，才会发生一次更新式的巨大变化。海底扩张的学说是大陆漂移学说的新形式，也是板块构造学说的重要理论支柱。

海底扩张说经过不断地补充丰富，其要点可以归纳为：

1. 大洋岩石圈因密度较低，浮在塑形的软流圈之上，是可以漂移的。

2. 由于地幔温度不均匀而导致密度不均匀，结果在软流圈或整个地幔中引起对流。较热的地幔物质向上流动，较冷的则向下流动，形成环流。

3. 大洋中脊裂谷带是地幔物质上升的涌出口，不断上涌的地幔物质冷凝后形成新的洋底，并推动先形成的洋底逐渐向两侧对称地扩张。先形成的老洋底到达海沟处向下俯冲，潜没消减在地幔中，成为软流圈的一部分。因此，洋底始终处于不断产生与消亡的过程中，它永远是年轻的。

古生代的物种进化

早古生代的物种

早古生代（5.7亿~4.1亿年前）从老到新又进一步分为寒武纪（C）（Cambrian）、奥陶纪（O）（Ordovician）和志留纪（S）（Silurian）。

早古生代是海生无脊椎动物繁盛时代，例如三叶虫、珊瑚、海绵动物、苔藓虫、腕足类、头足类、笔石类、海百合等等，这些动物几乎遍布整个海域，底栖、游泳到浮游，各种生态都有代表。

这些丰富多彩的生物，几乎突然出现于寒武纪初期，不但生物数量急剧增加，而且生物门类迅速丰富，由比较单一的单细胞生物，在短时间内，发展成与现今生物门类相当的复杂生物群，被称为"寒武纪大爆发"。如今地球上所有一切天上飞的、地下跑的、海里游的动物的祖先，差不多都在那个时代诞生。包括人类在内的很多多细胞动物很可能就是从这里起跑，开始了各自的演化历史。

寒武纪生命大爆发现象最早由英国学者布克兰发现，达尔文曾为此伤透脑筋，他为生命的突然繁盛而不是渐变进化感到十分困惑。然而，随着研究的不断深入，目前已经知道，在寒武纪生物大爆发之前，已经过了埃迪卡拉动物群和小壳动物群的准备。

在早古生代的生命进化历程中，有几件大事：眼睛的出现、后口动物的出现、植物上陆等等。

埃迪卡拉动物群可能是没有眼睛的动物群，当时动物可能温文尔雅，懒洋洋的软体蠕虫在海底游荡。虽然也可能存在捕食，但主要靠近距离接触，如气味、振动或触碰，效率不高。眼睛的出现，是生命进化的奇迹，但也拉开了野蛮残忍、弱肉强食的一幕。

最早长出眼睛的动物可能是一种叫莱德利基虫的三叶虫，它们视力虽然不是很好，但捕食技能如虎添翼，百发百中，对没有眼睛的被捕食者来说，简直就是厄运临头。但是，生命总是协同进化的，"道高一尺，魔高一丈"，为了摆脱有效的捕食，许多生物长出了盔甲、长刺，而捕食者又进化了肢体、加快了游泳速度，从此，捕食者与被捕食者、矛与盾、性命和美餐之间的竞争就迅速展开，结果使生物多样性迅速增加。

早期的三叶虫头大尾小，"头重脚轻"，底栖生活，后期有的三叶虫发展成头尾等大，善于漂浮或游泳，漂洋过海，遍及全球，眼睛也发展成很大的复眼。

寒武纪早期，出现了一种十分凶猛的捕食动物——头足动物（鹦鹉螺超目），曾处于食物链顶端，是软体动物门中最高级的一个纲，拥有长壳，壳内有气室、住室及有体管等，壳内可盛水和充气，犹如潜艇，能升能降，善于水底活动和游泳。足着生于头部，特化为腕和漏斗，故称头足类。

根据对章鱼的研究，认为头足纲是最聪

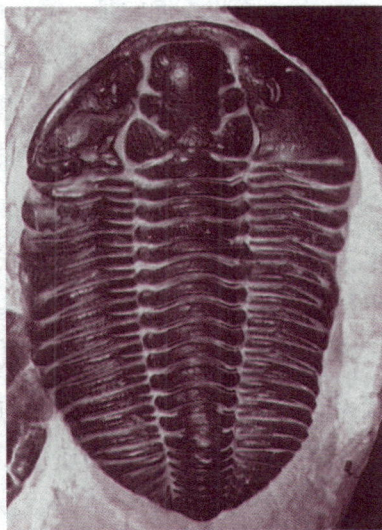

三叶虫化石

明的无脊椎动物，有高度发展的知觉和较大的脑，神经系统是无脊椎动物之中最为复杂的，而且视觉敏锐。通过漏斗喷水，获得前进动力，并且能够用漏斗控制方向。鹦鹉螺类头足动物到奥陶纪—志留纪发展到鼎盛时期，以后衰落。

脊椎动物是地球上最高等的动物门类，属脊索动物，脊索的出现提高了动物控制身体和对环境的适应能力，是生命进化中的一次飞跃。

脊索动物如何起源、何时起源？是生命进化的重要问题，也是十分引人入胜的问题。1991 年在我国云南澄江发现的云南虫为解决脊索动物的起源迈出了十分重要的一步。

云南虫产于寒武纪澄江动物群，是该动物群最重要的发现，其最显著的特征是贯穿身体的管状构造，目前存在着脊索（甚至脊椎）和半索动物等不同认识，但无论如何，代表了原口动物和后口动物、无脊索动物和脊索动物之间的过渡，因此，云南虫在进化生物学上占据十分重要的地位。澄江动物群中蕴涵着脊椎动物的起源。云南虫是所有爬行动物、哺乳动物的祖先，是人类的始祖，也是地球上最早的脊索动物居民。

寒武纪中期，地球上还出现了另外一种脊索动物笔石（属于半索动物亚门），与云南虫不同的是，笔石虽然有脊索，但没有眼睛，一部分在海底营底栖固着生活，呈树形，有固定的茎、根等构造，另一部分营漂浮生活，是已经灭绝了的群体，分布于全球，志留纪发展到顶峰，然后迅速消失，最晚不超过早石炭世，构成了比较理想的标准化石。

到志留纪，地球上出现了真正的脊椎动物——盾皮鱼，盾皮鱼类全身披甲，大多是掠食者，生活在水底，因为骨甲实在太重。有些盾皮鱼，主要是节甲鱼类，生活在中上层水域，是敏捷的掠食者。

寒武纪生命大爆发以来，虽然蓝色的海洋已经充满了生机，但大陆却依然荒芜。到了志留纪，并不出名的藻类或苔藓，尝试在潮间带生存。它们分化出茎、根、枝，茎轴表皮角质化，有气孔，可防止水分蒸发，调节气体，制造食物，下部分支成假根，可固着和吸收营养，上部二歧分岔，没有叶，顶部长出孢子，但能够初步摆脱对水的完全依赖，进入陆地气生环境，成为高等植物的一员，这就是最早的陆生植物——裸蕨。虽然其貌不扬，个头矮小，仅几厘米或数十厘米高，但却染绿了潮间带和滨海湿地，成为勇敢的探陆者。

晚古生代的物种

晚古生代从老到新又进一步分为：泥盆纪（D）（Devonian）、石炭纪（C）（Carboniferous）和二叠纪（P）（Permian）。

晚古生代动物界中，珊瑚类非常繁盛，腕足动物继早古生代后，又进入了第二次鼎盛时期，鱼类得到了飞快的发展，部分鱼类进化成两栖类和爬行类。植物界中，蕨类植物得到了大发展，形成森林，并分化出裸子植物。总之，晚古生代是动植物大规模登陆并占领大陆上各种生态环境的巨变时代。

晚古生代，志留纪勇敢的登录者裸蕨类植物得到了较大的发展，并逐渐演化出石松、节蕨及真蕨等类型。这些植物已经长出密密层层的叶片，有的长成高大的乔木（如石松纲中的鳞木）、灌木（木贼类的芦木），也有的匍匐在地面，成为草本（如真蕨纲中的羊齿），形成茂密的森林，是重要的成煤时期。

伴随陆地大面积森林的出现，节肢动物也跟上陆地，演化出与植物相互依存的昆虫类，并得到了空前的繁荣，石炭纪、二叠纪昆虫达 1300 种以上。

蕨类植物主要依靠孢子繁殖，在湿热环境下，孢子很容易萌发成配子体，在水的帮助下受精形成合子，"传宗接代"。然而，在干燥条件下，孢子很难萌发成配子体，即使萌发出的配子体也不易存活，缺水又不能受精。因此蕨类植物生长环境比较苛刻，只能生活于温暖潮湿的地区。

当晚古生代蕨类植物形成原始森林的时候，裸子植物已在泥盆纪晚期悄然出现。裸子植物起源于蕨类植物，但比蕨类植物更加进步，已经用种子进行有性繁殖。

裸子植物的配子体不脱离孢子体独立发育，受到母体保护；也不需要水做媒体进行受精，而是采用干受精的方式，受精卵在母体里发育成胚，形成种子，然后才脱离母体。如果遇不利条件，种子暂不萌发，但却继续保持着生命力，等条件合适，再萌发成新的植物体。因此，裸子植物保存和延续种族的能力就大大增强。二叠纪晚期，南半球出现了大规模的冰川，全球气候变干凉，裸子植物的优越性逐渐显出来，从而取代蕨类植物，占据了统治地位。

晚古生代，鱼类得到了飞速发展。在泥盆纪晚期，硬骨鱼类的总鳍鱼类，跟随裸蕨植物的足迹，也开始登陆，进而发展成两栖类动物。它们的鳍进化成足，鳔进化成肺，并逐步代替鳃进行呼吸（幼年用鳃呼吸，成年后用肺和皮肤呼吸），为了防止水分散失，身上披上了骨甲和坚硬的皮膜，虽然能够在地面活动，但仍然回到水中产卵。

石炭纪中晚期，两栖类动物的一支逐渐演化成比两栖类更进步的原始爬行类（如北美的林蜥），爬行类的卵中有一层防止胚胎干燥的羊膜（爬行动物、鸟类和哺乳类都是具有羊膜的动物），从而可以摆脱对水的依赖，在陆地产卵并孵化，刚出生的幼体具有和双亲同样的体形，从此能完全过陆地生活，与两栖类相比，是脊椎动物演化史上又一个具有重要意义的飞跃。

林蜥化石

知识点

脊椎动物

脊椎动物，是脊索动物的一个亚门。这一类动物一般体形左右对称，全身分为头、躯干、尾三个部分，躯干又被横膈膜分成胸部和腹部，有比较完善的感觉器官、运动器官和高度分化的神经系统。包括鱼类、两栖动物、爬行动物、鸟类和哺乳动物五大类。

延伸阅读

鱼的分类

鱼纲是现存脊椎动物亚门中最大的一纲，从动物进化的角度看，本纲是有颌类的开始，故为有颌类中最原始、最古老的一纲。这是脊椎动物亚门中最大的分类类群，远在泥盆纪就已派生出很多的边缘支系，发展和演变至今成为各种复杂体形的鱼类。现存鱼类分为软骨鱼系和硬骨鱼系。

软骨鱼系分为无颌类和有颌类。

无颌类：脊椎呈圆柱状，终身存在，无上下颌。起源于内胚层的鳃呈囊状，故又名囊鳃类；脑发达，一般具 10 对脑神经；有成对的视觉器和听觉器。内耳具 1 或 2 个半规管。有心脏，血液红色；表皮由多层细胞组成。偶鳍发育不全，有的古生骨甲鱼类具胸鳍。对无颌类的分类不一，一般将其分为：盲鳗纲、头甲鱼纲、七鳃鳗纲、鳍甲鱼纲。

有颌类：上下颌。多数具胸鳍和腹鳍；内骨骼发达，成体脊索退化，具脊椎，很少具骨质外骨骼。内耳具 3 个半规管。鳃由外胚层组织形成。由盾皮鱼纲、软骨鱼纲、棘鱼纲及硬骨鱼纲组成。其中盾皮鱼纲和棘鱼纲只有化石种类。分布在世界各地，主要栖息于低纬度海区，个别种类栖于淡水。现存种类分属板鳃亚纲和全头亚纲。板鳃亚纲约 600 余种，中国约 180 种，以南海为多。全头亚纲有 3 科 6 属约 30 余种，中国约 2 科 3 属约 5 种。

硬骨鱼系内骨骼已骨化，具骨缝，头部常被膜骨，体被硬鳞或骨鳞，是现生鱼类最繁茂的一大分支，可分为总鳍亚纲、肺鱼亚纲和辐鳍亚纲 3 亚纲。辐鳍亚纲是最多的一个类群。其中鲈形目种类最多，除鲤形目分布于淡水、鲑形目多为溯河性鱼类外，其他各目主要分布在海洋。

奥陶纪物种进化与灭绝

奥陶纪，地质年代名称，是古生代的第二个纪，开始于距今 5 亿年前，延续了约 6500 万年。

"奥陶"一词由英国地质学家拉普沃思于 1879 年提出，代表露出于英国阿雷尼格山脉向东穿过北威尔士的岩层，位于寒武系与志留系岩层之间。因这个地区是古奥陶部族的居住地，故名。

奥陶纪分早、中、晚三个世。奥陶纪是地史上海侵最广泛的时期之一。在板块内部的地台区，海水广布，表现为滨海浅海相碳酸盐岩的普遍发育，在板块边缘的活动地槽区，为较深水环境，形成厚度很大的浅海、深海碎屑沉积和火山喷发沉积。奥陶纪末期曾发生过一次规模较大的冰期，其分布范围包括非洲，特别是北非、南美的阿根廷、玻利维亚以及欧洲的西班牙和法国南部等地。

当时气候温和，浅海广布，世界许多地方（包括我国大部分地区）都被浅海海水掩盖。海生生物空前发展。化石以三叶虫、笔石、腕足类、棘皮动物中的海林檎类、软体动物中的鹦鹉螺类最常见，珊瑚、苔藓虫、海百合、介形类和牙形石等也很多。节肢动物中的板足鲎类和脊椎动物中的无颌类（如甲胄鱼类）等均已出现。低等海生植物继续发展。

奥陶纪的生物界较寒武纪更为繁盛，海生无脊椎动物空前发展，其中以笔石、三叶虫、鹦鹉螺类和腕足类最为重要，腔肠动物中的珊瑚、层孔虫，棘皮动物中的海林檎、海百合，节肢动物中的介形虫，苔藓动物等也开始大量出现。

奥陶纪中期，在北美落基山脉地区出现了原始脊椎动物异甲鱼类——星甲鱼和显褶鱼，在南半球的澳大利亚也出现了异甲鱼类。植物仍以海生藻类为主。

在奥陶纪广阔的海洋中，海生无脊椎动物空前繁荣，生活着大量的各门类无脊椎动物。除寒武纪开始繁盛的类群以外，其他一些类群也得到了进一步的发展，其中包括笔石、珊瑚、腕足、海百合、苔藓虫和软体动物等。

奥陶纪时期的海洋生物是现代动物的最早祖先。珊瑚和叫做星状动物的古老海星生长在洋底。海底的带壳动物包括与现代牡蛎有关的软体动物、看起来与软体动物相似的腕足动物和外壳卷曲的腹足动物。头足类——现生鱿鱼的堂兄弟——快速游过海

珊　瑚

底搜寻猎物。但最大的新出现的动物是像萨卡班巴鱼这样的无颌类。

无颌类，例如发现于南美的萨卡班巴鱼，是地球上最早的脊椎动物之一。这一时期仍然没有任何动物种类生活在陆地上。

最早的鱼类是无颌类。它们没有上下颌，嘴很宽，头的边缘长着奇怪的骨板。也许这些骨板是发电器官，用来感觉距离或电击捕食动物。无颌类的摄食方法是将含有微小动物和沉积物的水吸入口中。它们可能是尾巴向上在海底游泳。

奥陶纪海洋里生活着500多种三叶虫。这虽然没有寒武纪时期的种类多，但其数量仍是巨大的。这是今天三叶虫化石如此普遍的原因之一。

三叶虫化石很容易被找到，这不仅因为它们数量大，而且因为它们定期脱去外壳。随着动物的生长，外壳落入古海底，常常被掩埋，变成化石。有颌鱼类的兴起可能促使许多三叶虫灭绝。但有些三叶虫一直生存到2.51亿年前的最大灭绝性灾难发生的时候。

笔石是奥陶纪最奇特的海洋动物类群，它们自早奥陶世开始即已兴盛繁育，分布广泛。笔石是一类微小的蠕虫状生物，它们像今天的珊瑚虫一样群体生活。整个笔石群体仅有5厘米长，它们漂流在海面上，吃浮游生物。笔石对

于科学家来说是特别重要的，因为它们在一个较长的时期里是逐渐变化的。科学家能够根据共同发现的笔石的种类判定其他海洋生物化石的年龄。

腕足动物在这一时期演化迅速，大部分的类群均已出现，无铰类、几丁质壳的腕足类逐渐衰退，钙质壳的有铰类则盛极一时。腕足类乍看起来很像双壳类，但和它并没有多大关系，它们壳的大小和曲线都不相同。腕足类的铰合部喙，以肉柄固着。腕足类现在比较稀少，但在 5 亿～4.5 亿年前，它们远比双壳类常见。

腕足动物化石

鹦鹉螺进入繁盛时期，它们身体巨大，是当时海洋中凶猛的肉食性动物；由于大量食肉类鹦鹉螺类的出现，为了防御，三叶虫在胸、尾部长出许多针刺，以避免食肉动物的袭击或吞食。

珊瑚自中奥陶世开始大量出现，复体的珊瑚虽说还较原始，但已能够形成小型的礁体。由于海洋无脊椎动物的大发展，在前寒武纪时非常繁盛的叠层石在奥陶纪时急剧衰落。

第一次物种大灭绝发生在 4.4 亿年前的奥陶纪末期，由于当时地球气候变冷和海平面下降，生活在水体的各种不同无脊椎动物便荡然无存。

最新研究表明，这次进化灾难的罪魁祸首可能是当时的伽马射线大爆发。它破坏了地球的臭氧层，使得太阳紫外线肆无忌惮地辐射，给当时的地球生物带来了致命伤害。

奥陶纪化石记录显示，当时 2/3 的物种"突然从地球上消失了"。

但化石也表明，那场持续时间长达 50 多万年的冰期也是从这个时期开始的。伽马射线爆发可以很好地解释这两种现象。

伽马射线"袭击"地球时，会破坏地球大气层平流层的分子结构，形成新的氮的氧化物及其他化学物质，使得地球被一层"棕褐色的烟雾"包围，臭氧层也遭到严重破坏。这时，紫外线强度比正常情况要强至少 50 倍，足以使地表生物丧命。这一时期，大多数生活在地表或接近地表的生物，尤其是海洋浅水生物几乎都灭绝了，而深水生物则幸免于难，这也是"伽马射线说"的有力佐证。

伽马射线的第二个影响就是，大量氮的氧化物的形成使得地球大气层温度下降，地表降温，进而导致冰期的来临。在这次生物大灭绝之前，地球上"超乎寻常的温暖"。

知识点

地　台

大陆上自形成以后未再遭受强烈褶皱的稳定地区。曾称陆台。

地台具有双层结构，即由基底和盖层构成。基底由前震旦纪或前寒武纪的巨厚已变质的沉积岩系与火山岩组成，构造复杂，一般遭受过较强的区域变质作用。基底岩石建造序列属地槽型。盖层由震旦纪或寒武纪以来的沉积岩系组成，其厚度一般不超过 1000～2000 米，未经受区域变质作用。其沉积物组成地台型建造序列。盖层与基底以角度不整合接触。

延伸阅读

海洋中的"活化石"：鹦鹉螺

鹦鹉螺是海洋软体动物，共有七种。

鹦鹉螺是有螺旋状外壳的软体动物，是现代章鱼、乌贼类的亲戚。柔软的身体占据壳的最后一室，其他部分则充满空气以增加浮力。

鹦鹉螺的贝壳很美丽，构造也颇具特色。这种石灰质的外壳大而厚，左右对称，沿一个平面做背腹旋转，呈螺旋形。贝壳外表光滑，灰白色，后方间杂着许多橙红色的波纹状。

壳有两层物质组成，外层是磁质层，内层是富有光泽的珍珠层。壳的内腔由隔层分为30多个壳室，动物体藏身于最后一个隔壁的前边，即被称为"住室"的最大壳室中。其他各层由于充满气体均称为"气室"。每一隔层凹面向着壳口，中央有一个不大的圆孔，被体后引出的索状物穿过，彼此之间以此相联系。

被解剖的鹦鹉螺，像是旋转的楼梯，又像一条百褶裙，一个个隔间由小到大顺势旋开，它决定了鹦鹉螺的沉浮，这正是开启潜艇构想的钥匙，世界上第一艘蓄电池潜艇和第一艘核潜艇因此被命名为"鹦鹉螺号"。

鹦鹉螺主要分布于西南太平洋热带海区。马来群岛、台湾海峡和南海诸岛也有分布，我国发现一种。集中分布于菲律宾群岛南半部和新几内亚的新不列颠岛海域，澳大利亚的大堡礁，斐济群岛海域也有分布；从我国台湾东部沿着琉球群岛，一直散布到日本群岛南部的相模湾；向西则从西南太平洋一直散布到印度洋。

鹦鹉螺已经在地球上经历了数亿年的演变，但外形、习性等变化很小，被称做海洋中的"活化石"，在研究生物进化和古生物学等方面有很高的价值。

泥盆纪简介

泥盆纪，古生代的第四个纪，约开始于4.1亿年前，结束于3.6亿年前。这个时期形成的地层称泥盆系。该名来源于英国南部的德文郡，由A.塞奇威克和R.I.莫奇逊于1839年命名。

"泥盆"一词是Devon的日文汉字音译。最初泥盆系代表德文地区与威尔士地区寒武系相当的地层单位。其后，根据德文灰岩中珊瑚化石的研究，认为其特征介于志留纪和石炭纪之间，层位相当于威尔士区志留系之上、石炭系灰岩之下含鱼和植物化石的老红砂岩，因此确定为一新的系。

通过对德国、比利时、法国、苏联的地层研究，证实泥盆纪地层也广布于欧洲大陆，并在这些地层中发现了老红砂岩的鱼化石。在经过 7 年的争论之后，泥盆纪被确认为国际地质年代单位。

泥盆纪的沉积物分布于世界各地，其沉积总量比古生代其他各系都大。沉积地层一般划分为老红砂岩相、莱茵相和海西相，分别代表大陆环境、近岸和远岸的海相环境。

不同盆地沉积模式各异。以德国——比利时盆地为代表的岩相，早泥盆世多为近滨、前滨碎屑岩相，中、晚泥盆世发育陆棚碎屑岩相、台地碳酸盐岩相、盆地泥质岩相和水下隆起碳酸盐岩相。

由于命名地区德文郡的地层构造复杂、层序不清、局部变质，故传统上一般以莱茵地区和阿登地区的地层剖面为国际泥盆系分类标准，划分为 3 个统 7 个阶。由于加里东运动的影响，许多地区泥盆系不整合于志留系之上。捷克波希米亚地区具有整合的志留——泥盆系界线剖面，泥盆系底界以等宽单笔石的出现为标志。布拉格附近克伦克剖面第 20 层被确定为志留——泥盆系界线层型剖面和点。泥盆——石炭系界线定义为凹沟管牙形石的首次出现，全球界线层型剖面和点建立在法国南部地区的拉塞雷。

泥盆纪古地理的基本构架主要由冈瓦纳大陆、劳亚大陆及其间的古地中海和古太平洋组成。

冈瓦纳古陆是最完整、最大的古陆，包括已知大陆壳的一半以上，围绕南极地区分布。由现在的非洲、阿拉伯半岛、马达加斯加、南美、印度、澳大利亚、新西兰、南极和可能的南欧、土耳其、阿富汗、伊朗、中国西藏等组成。劳亚大陆的西部，由劳伦古陆和波罗的海古陆构成超大陆，亦称欧美联合大陆。

劳伦古陆以北美地台为主体，加上苏格兰、部分的爱尔兰。波罗的海古陆主要包括乌拉尔以西的俄罗斯地台、芬兰、斯堪的纳维亚半岛。

欧美联合大陆的陆相沉积含有近似的非海相和淡水的鱼化石、植物化石。欧美联合大陆以东为一些分散的大型陆块或小型至微型陆地群组成，其中，以西伯利亚、哈萨克斯坦、华北和华南古陆较大。后者的位置接近赤道附近和北半球中纬带。西伯利亚则处于高纬带。

泥盆纪时的海水覆盖面积约占地球的85%，其分布特点包括广阔的构成北半球的古太平洋，位于冈瓦纳古陆以北的古地中海和各陆块之间狭窄的陆间海，以及大陆之上的陆表海。

泥盆纪沉积具有两个主要的海进—海退旋回，以中泥盆世早期和晚泥盆世晚期的海退分开，几乎见于所有泥盆系发育区。

次一级的全球性海平面升降变化亦十分明显。M. 豪斯（1983）总结出纽约州泥盆系的18次海平面升降变化曲线，分别与比利时、德国、苏联欧洲部分的相应层位进行对比，中国华南地区亦有明显反映。J. G. 约翰森等（1985）认为至少有14次全球性海平面升降引起的泥盆纪海进—海退旋回（简称T—R旋回），均以加深事件然后伴随着向上变浅的层序为特征。

泥盆纪具有重要的经济价值。世界古生代石油和天然气约50%以上赋存于泥盆系。其中，俄罗斯乌拉尔—伏尔加地区和加拿大阿尔伯达地区的储量约占75%，它们一般与礁灰岩和黑色页岩等含油母岩的发育有关。与蒸发岩有关的钾盐矿分布于加拿大萨斯喀契温等地。乌拉尔中泥盆统含有丰富的铝土矿。很多晚泥盆世的黑色页岩与磷矿、铀矿有关。

由泥盆纪岩石风化和侵蚀形成的地貌构成了世界很多著名的旅游胜地。如华南以及捷克和斯洛伐克摩拉维亚的岩溶、北莱茵景观、英国西南部和苏格兰沿海海蚀地貌、法国布列斯特海港等。

知识点

加里东运动

加里东运动在1888年由休斯创用，主要指欧洲西北部晚志留纪至泥盆纪形成北东向山地的褶皱运动。这一时期的地壳运动，使延伸于北爱尔兰、苏格兰和斯堪的纳维亚半岛的北东向格兰扁地槽、西伯利亚的萨彦岭地槽、中国东南部加里东地槽、澳大利亚的塔斯马尼亚地槽及北阿帕拉契亚地槽（古大西洋）形成褶皱山地。加里东运动的完成标志着早古生代的结束。

延伸阅读

石油的形成说

1. 生物成油理论

大多数地质学家认为石油像煤和天然气一样，是古代有机物通过漫长的压缩和加热后逐渐形成的。

按照这个理论石油是由史前的海洋动物和藻类尸体变化形成的（陆上的植物则一般形成煤）。经过漫长的地质年代这些有机物与淤泥混合，被埋在厚厚的沉积岩下。在地下的高温和高压下它们逐渐转化，首先形成腊状的油页岩，后来退化成液态和气态的碳氢化合物。由于这些碳氢化合物比附近的岩石轻，它们向上渗透到附近的岩层中，直到渗透到上面紧密无法渗透的、本身则多空的岩层中。这样聚集到一起的石油形成油田。通过钻井和泵取人们可以从油田中获得石油。

地质学家将石油形成的温度范围称为"油窗"。温度太低石油无法形成，温度太高则会形成天然气。虽然石油形成的深度在世界各地不同，但是"典型"的深度为4000~6000千米。由于石油形成后还会渗透到其他岩层中去，因此实际的油田可能要浅得多。因此形成油田需要三个条件：丰富的源岩、渗透通道和一个可以聚集石油的岩层构造。

2. 非生物成油理论

非生物成油的理论是天文学家托马斯·戈尔德在俄罗斯石油地质学家尼古莱·库德里亚夫切夫的理论基础上发展的。这个理论认为在地壳内已经有许多碳，这些碳中有一些自然地以碳氢化合物的形式存在。碳氢化合物比岩石空隙中的水轻，因此沿岩石缝隙向上渗透。石油中的生物标志物是由居住在岩石中的、喜热的微生物导致的，与石油本身无关。

在地质学家中这个理论只有少数人支持。一般它被用来解释一些油田中无法解释的石油流入，不过这和现象很少发生。

泥盆纪的物种及进化

泥盆纪古地理面貌较早古生代有了巨大的改变。表现为陆地面积的扩大，陆相地层的发育，生物界的面貌也发生了巨大的变革。陆生植物、鱼形动物空前发展，两栖动物开始出现，最明显的特征是水生脊椎动物的发展，出现了盾皮鱼类、总鳍鱼类、胴甲鱼类、肺鱼等，并由此演化出陆生四足动物。因此，泥盆纪被称之为"鱼类时代"。

腕足类在泥盆纪发展迅速，志留纪开始出现的石燕贝目成为泥盆纪的重要化石。此外，穿孔贝目、扭月贝目、无洞贝目和小嘴贝目在划分和对比泥盆纪地层中也有极为重要的参考价值。

浅海无脊椎动物的数量和分异度明显增加。

造礁生物大量发育，腕足动物、双壳类和腹足类的科属数量达到极盛。

节肢动物中的板足鲎类在泥盆纪早期的海水和淡水中很常见，叶肢介首次发生于中泥盆世，三叶虫逐渐减少。在奥陶纪、志留纪繁盛的笔石类延续至早泥盆世后期灭绝，而代之出现了头足类的菊石纲，与漂浮的竹节石类占据着洋面。

分类不明的牙形石动物，分布广泛，演化迅速，成为划分时间单位和国际对比的最好工具。

泡沫型和双带型四射珊瑚相当繁盛。早泥盆世以泡沫型为主，双带型珊瑚开始兴起；中、晚泥盆世以双带型珊瑚占主要地位。

鹦鹉螺类大大减少，菊石中的棱菊石类和海神石类繁盛起来。

正笔石类大部分灭绝，早泥盆世残存少量单笔石科的代表。

竹节石类始于奥陶纪，泥盆纪一度达到最盛，泥盆纪末期灭绝。其中以薄壳型的塔节石类最繁盛，光壳节石类也十分重要。

昆虫类化石最早也发现于泥盆纪。

泥盆纪是脊椎动物飞越发展的时期，鱼类相当繁盛，各种类别的鱼都有出现。早泥盆世以无颌类为多，中、晚泥盆世盾皮鱼相当繁盛，它们已具有原始的颚，偶鳍发育，成歪形尾。中国已报道的泥盆纪鱼化石超过 52 属，绝大多数发现在长江以南，以早泥盆世多鳃鱼类为代表的无颌类和以云南鱼类为代表的原始胴甲类最为典型。

新的类型有肺鱼类，一种既有鳃，也发育着肺作为辅助呼吸器官的原始类型，这类鱼的某些代表今天仍然活着，形成用鳃呼吸的鱼类和用肺呼吸空气的两栖动物间的一个重要的环节。它不但将漂浮囊改变成原始肺，而且这些鱼的某些进化到成对的阔鳍状的鳍状肢，使其能够在水面上生活一个短时期，同时有能在陆地上的有限的运动能力。

陆生植物开始繁盛是另一特点。早泥盆世裸蕨植物较为繁盛，有少量的石松类植物，多为形态简单、个体不大的草本类型；中泥盆世裸蕨植物仍占优势，但原始的石松植物更发达，出现了原始的楔叶植物和最原始的真蕨植物；晚泥盆世到来时，裸蕨植物濒于灭亡，石松类继续繁盛，节蕨类、原始楔叶植物获得发展，新的真蕨类和种子蕨类开始出现。

气候显示泥盆纪时是温暖的。化石记录说明远至北极地区当时处于温带气候。

脊椎动物经历了一次几乎是爆发式的发展，淡水鱼和海生鱼类都相当多，这些鱼类包括原始无颌的甲胄鱼类；有颌具甲的盾皮鱼类；以及真正的鲨鱼类。还有与颌连接起来身长达 9 米具重甲的鲨鱼状的节颈鱼类——邓氏鱼。

动物地理分区在早泥盆世比较明显，一般海洋无脊椎动物划分为 3 个区系：

世界区系，包括欧洲与亚洲大部、美国西部、加拿大极区、澳大利亚、新西兰和北非等地；

阿伯拉契亚区系，沿北美东缘，从加拿大的加斯佩到墨西哥的奇瓦瓦，也包括南美的委内瑞拉、哥伦比亚和巴西北部；

马文诺卡夫里克区系，指的是喀喀湖以南的南美、南非、南级等广大地区。

脊椎动物划分为欧美区、西伯利亚区、图瓦区、华南区和东冈瓦纳区，这与主要陆块的分布一致。

知识点

两栖动物

两栖动物是最原始的陆生脊椎动物，既有适应陆地生活的新的性状，又有从鱼类祖先继承下来的适应水生生活的性状。多数两栖动物需要在水中产卵，发育过程中有变态，幼体（蝌蚪）接近于鱼类，而成体可以在陆地生活，但是有些两栖动物进行胎生或卵胎生，不需要产卵，有些从卵中孵化出来几乎就已经完成了变态，还有些终生保持幼体的形态。

延伸阅读

鱼鳃的功能

鱼鳃包括鳃耙、鳃丝、鳃弓三部分。其中鳃丝是鳃的主要部分，内部密布毛细血管。

1. 呼吸：这是主要功能，鳃丝表面布满微细血管，水中溶氧通过血管进入血液，进行呼吸作用。

2. 滤食：特别是浮游生物食性的鱼类，水中的浮游生物通过鳃丝过滤，进入口腔进行摄食。例如鲢鱼、鳙鱼是完全靠鳃来摄食的。

3. 重要的排泄器官：鳃组织的病变将造成氨氮的排泄受阻，血液中氨氮含量升高，将影响到鱼体内渗透压调节机能。

4. 重要的呼吸器官：鱼体与外环境的气体交换主要由鳃来完成。鳃发生病变鱼类呼吸不畅，必然影响鱼类的正常代谢和生长。

当鱼的鳃患病影响了鱼类的正常呼吸，鱼体会通过自身调节提高呼吸运动节律来弥补病鳃气体交换的不足，当鳃的气体的交换量（既呼出二氧化碳，又吸收水中氧气）降低到不能维持最低生命活动需要时，鱼类就会发生窒息死亡。

泥盆纪灭绝的物种

由海平面变化、缺氧事件以及可能的天体撞击造成的全球性生物事件在泥盆纪内反复发生。主要表现为生物的突然灭绝和大量辐射。它们多与特殊的黑色岩系出现密切关联。泥盆纪内至少有 8 次全球性生物事件被识别。其中特别重要的有 3 次：

西塞拉斯事件或称塔凡尼克事件，发生于中、晚泥盆世之交，接近腕足动物鹦头贝的灭亡至弓石燕出现之间的时期。腕足类的 6 个科，四射珊瑚 15 个科消失。菊石类中的无棱菊石科、扁菊石科和似古菊石科的大部分消失，代之出现脐状叶激增的皱菊石科新演化系列。随着这个事件以后，等环节石类发生分异，掌鳞牙形石类辐射，浮游介形类生物量突增。这一事件与海面上升吻合。

凯勒瓦瑟尔事件，代表晚泥盆世内部的生物危机，亦称弗拉斯——法门事件，最明显的变化是生物量急剧下降，造礁生物消失，竹节石类、腕足动物的 3 个目、四射珊瑚的十多个科灭亡。这一事件之后，世界各地普遍海退，蒸发岩广布，南美出现了冰川沉积。

亨根贝格事件，发生在接近泥盆—石炭系界线附近。晚泥盆世盛行的海神石、三叶虫、盾皮鱼类及无颌类全部灭亡。牙形石在掌鳞牙形石类和管牙形石类演化系列之间出现浅水原颚牙形石生物相。

事件之后，菊石、牙形石、介形石、珊瑚、腕足、脊椎动物等门类均发生新的辐射。与这一事件相联系的黑色页岩广泛分布于西欧、北美和华南。

这一时期主要消失的物种有：

粒骨鱼

界：动物界

门：脊索动物门

亚门：脊椎动物亚门

纲：鱼纲

目：节甲鱼目

科：粒骨鱼科

粒骨鱼生存于欧洲、北美洲，泥盆纪中期、晚期，主要以肉食为主。

粒骨鱼身长40厘米，有着宽阔扁平的头颅，眼位于两侧的前方。强健有力并微张的颚没有真正的齿，但有骨质锐利的尖牙，随着使用而被磨损，粒骨鱼生活在淡水湖中。

鹗头贝

界：动物界

门：腕足动物门

纲：具绞纲

目：穿孔目

鹗头贝又称枭头贝（或鸮头贝），生活在古生代泥盆纪，距今已有4亿年历史，是具两枚壳瓣的海生底栖固着动物。因其形状像鹗的头故名鹗头贝。

鹗头贝两枚壳瓣大小不等，每枚壳瓣左右对称，大的壳瓣叫腹壳，小的叫背壳。腹壳后具有一个孔洞，称肉茎孔，由此伸出肉质的柄，叫肉茎，用以固着底质或挖掘潜穴。呈壳横卵形或卵形，腹壳壳喙高耸，弯曲。腹、背壳近等双凸，最大厚度位于壳后方。

邓氏鱼

界：动物界

门：脊索动物门

亚门：脊椎动物亚门

纲：鱼纲

目：节甲鱼目

科：恐鱼科

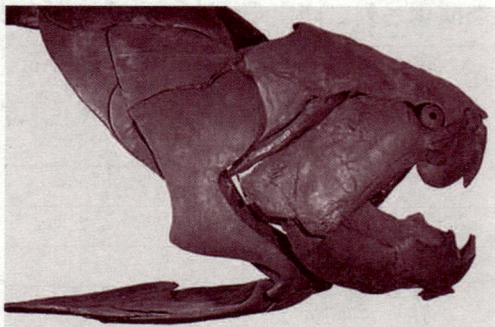

邓氏鱼化石

属：邓氏鱼属

化石分布：摩洛哥、非洲、波兰、比利时、美国。

邓氏鱼是一种生活于泥盆纪时代的古生物，身体长约8～10米，重量可达4吨。邓氏鱼看起来像是凶暴的猛兽：强有力的体格加上包裹着甲板的头部。它的体型呈流线型，有点像鲨鱼。

邓氏鱼其实是由一种叫做盾皮鱼的鱼类进化而来的，之所以叫它盾皮鱼，是因为在这种鱼的头部和颈部都覆盖着厚厚的盔甲。邓氏鱼也是地球上出现的第一种颌类脊椎动物。

色素细胞暗示邓氏鱼的背部为深色、腹部为银色。这种鱼对它的食物毫不讲究，它吃鱼、鲨鱼甚至它的同类。

邓氏鱼是一种史前海洋最凶猛的肉食动物，即使在4亿年后人们看到它的化石仍然会感到敬畏。它非常大，这意味着它可以将鲨鱼撕成两半。

在英国皇家学会期刊《生物书简》上，美国芝加哥大学地球物理系主任菲律浦·安德森博士和芝加哥菲尔德博物馆的马克·威斯特尼特发表了他们的研究论文。安德森博士在文章中称，通过对邓氏鱼的化石进行复原研究，科学家们发现这种海洋鱼类的牙齿撕咬力超过人类目前所知的其他所有生物。

邓氏鱼生活在较浅的海域，以拥有异常旺盛的食欲，使它成为当时最强的食肉动物。古代鲨鱼、头足类（鹦鹉螺、菊石）甚至自己的同类，都在它的食谱中。拥有如此旺盛食欲的邓氏鱼，却一直经受着消化不良的困扰，在发现的化石周围，经常能发现一些被回吐的、半消化的鱼的残骸。同时，也能发现一些邓氏鱼从胃部反刍出来的不能消化的食物残渣，比如其他盾皮鱼类的头甲和软体动物的碳酸钙质的外壳等。

裸蕨类植物

裸蕨是已灭绝的最古老的陆生植物，是最初的高等植物代表。真蕨植物门和前裸子植物可能起源于裸蕨植物。

裸蕨植物的器官有初步分化，茎内维管束是水分和营养物质在植物体内上下运输的组织；拟根状茎或假根起固着及吸收作用；茎表角质化可防止植物体内水分蒸失，使植物在水生环境下不致枯死；气孔又是交换植物体内气体的孔道。这些构造使裸蕨植物能初步摆脱完全对水的依赖，以适应于滨海潮湿低地的气生环境。但其适应陆生生活仍然处于原始阶段。

裸蕨目化石代表：

瑞尼蕨：茎轴是简单的二歧分叉。气生直立茎轴的横切面，根据细胞形状、大小、排列诸特点，从外向内分成表皮、外皮层、内皮层、韧皮部、木质部。原生木质部由一两个环纹管胞组成。茎轴的表皮细胞呈纺锤形，外壁上有角质和分散的气孔。

肾囊蕨：孢子囊顶生，茎轴为简单二歧分叉，有瑞尼蕨科的特点，同时，孢子囊的顶端边缘又有横向开裂构造，这是工蕨科的特点。

工蕨：植物体高 10～20 厘米，或者更高一些。茎轴粗 1～2 毫米。茎轴的基部由于一连串不完全的二歧分叉造成了"H"形或"K"形分枝。地下部分的横卧拟根茎构造不详。孢子囊有短柄，聚集成穗。

装饰沙顿蕨：高约 30 厘米以上，假单轴分枝，茎轴上密布小刺，孢子囊侧生散布于枝条上部，不聚集成穗，有顶部横向开裂构造。

裸蕨：高达 1～2 米，营养枝光滑或有刺，与主轴交角较大。顶端呈"叶片状"扩大。生殖枝一般经过六次双分叉后，在顶端聚生 16～64 个孢子囊。

三枝蕨：第一、第二次分枝呈三分枝式，以后的分枝呈双分枝式。侧枝不具营养枝和生殖枝的分化。孢子囊两个或三个一簇，直立顶生于侧枝顶端。

知识点

反刍

反刍俗称倒嚼，是指进食经过一段时间以后将半消化的食物返回嘴里再次咀嚼。

反刍动物采食一般比较匆忙，特别是粗饲料，大部分未经充分咀嚼就吞咽进入瘤胃，经过瘤胃浸泡和软化一段时间后，食物经逆呕重新回到口腔，经过再咀嚼，再次混入唾液并再吞咽进入瘤胃的过程。

➡ 延伸阅读

现代海洋霸主：虎鲸

虎鲸是一种大型齿鲸，忭情凶猛，食肉动物，善于进攻猎物，是企鹅、海豹等动物的天敌。有时它们还袭击其他鲸类，甚至是大白鲨，可称得上是海上霸王。

虎鲸的体型极为粗壮，是海豚科中体型最大的物种。头部呈圆锥状，没有突出的喙。大而高耸的背鳍位于背部中央，其形状有高度变异性，雌鲸与未成年虎鲸的背鳍呈镰刀形，而成年雄鲸则多半如棘刺般直立，高度约 $1 \sim 1.8$ 米。胸鳍大而宽阔，大致呈圆形，这点与大多数海豚科成员的典型镰刀状胸鳍不同。上、下颚各有 $10 \sim 14$ 对大而尖锐的牙齿作为武器，每颗牙大概有 8 厘米长。在海湾的浅水地带，它还喜欢用尾巴上的缺刻去钩拉海藻，发出"呼呼"的声音，不久，浑身就披满了半透明的海草。

虎鲸的体色图样主要由黑与白这两种对比分明的色彩组成，位于身体腹面的白色区域自下颚往后延伸至肛门处，在全黑的胸鳍之间变得狭窄，到了肚脐后方产生分歧，尾鳍腹面亦为白色。背部与体侧皆为黑色，但在生殖裂附近的侧腹处有白色斑块，眼睛斜后方亦有明显的椭圆形白斑。在背鳍后方有呈灰至白色的马鞍状斑纹。

虎鲸分布在世界各大海洋匚，以南北两极附近水域最多。对于水温、深度等因素似乎没有明显的要求。它们在高纬度地区有相当高的栖息密度，特别是在猎物充足的海域。

二叠纪简介

二叠纪是古生代最后一个纪（第 6 个纪），约开始于 2.9 亿年前，结束于 2.5 亿年前。1841 年英国地质学家 R. I. 莫奇逊在乌拉尔山脉西坡发现一套发育完整，含有化石较多的地层，可以作为二叠纪标准剖面，并依出露地点卡玛河上游的彼尔姆地区命名为 Permian 系。英文 Permian 即源于俄文 Пермь 的音译。中译二叠纪是根据二分性明显的德国地方性名称 Dyas 的意译而来。

二叠纪地层通常采用二分，即分为下统和上统。近年来，有不少学者主张三分，即分为下、中、上三统。

标准地点乌拉尔西坡的二叠系为一套综合有海相、半咸水相和陆相的沉积。下部的阿舍尔阶、萨克马尔阶和亚丁斯克阶的大部为正常海相；其上的空谷阶和卡赞阶为局限的半咸水相，鞑靼阶则全为陆相。

二叠纪的海水大致以欧亚东西向地槽带、环太平洋地槽带以及富兰克林—乌拉尔地槽带为活动中心，向邻近的大陆地区淹覆。以此为基础的沉积作用发生明显分异，存在多种沉积岩类型。这些沉积在时间上明显反映出在海退背景下的早、晚期分异。早期正常海沉积广泛发育；晚期除多数地槽及其外围部分继续保持海相沉积外，地槽的回返部分及大陆棚区分别转化为局限的咸化、沼泽化或陆相沉积。

以碳酸盐岩为主的比较发育的沉积主要分布于冒地槽的浅水部分和北半球的浅水地台，包括西西里、小亚细亚、中东、外高加索、盐岭、中亚、克什米尔、帝汶、日本、新西兰和北美太平洋侧等地以及属于地台范围的北美、西伯利亚和中国等地。

以大量碎屑岩和广泛的火山岩系为特征的地层发育于优地槽。最具代表性的地点为：美国得克萨斯州西部、内华达州、犹他州，亚洲的天山、内蒙古、滇藏、帕米尔，澳大利亚东、西部盆地，西南非，南美阿根廷等地。

陆相及煤系沉积多见于东西向地槽系北、南两侧的亚洲、中欧、印度半岛和南半球的多数陆地。

冰碛岩类发育于新西兰以外的南半球各大陆和印度半岛以及中国西藏南部的二叠纪早期。这些以陆相地层为主的岩系包括冰碛岩在内，称为冈瓦纳相。

不管南部各大陆及印度半岛在二叠纪时是否联成统一大陆，早二叠纪的气温被认为是相当低的，其后才逐渐改变。北半球广泛发育的蒸发岩标示一种温暖、干旱的气候，而南半球广泛的含煤建造则标示一种温湿的气候。

二叠纪是造山作用和火山活动广泛分布的时期，归属于海西（华力西）造山运动晚期。北美阿巴拉契亚运动发生于二叠纪末，是二叠纪最强烈的褶皱运动。西部的科迪勒拉优地槽在连续的地壳运动中伴有强烈的火山活动。

欧洲的造山作用和火山活动有两期。早期火山活动广泛，晚期趋于沉寂。

二叠纪古地理一个突出的特点是欧亚东西地槽带即特提斯海域的存在。这一长期存在的海洋地带分布于现北纬30°~40°，西自地中海西部向东达印度尼西亚。南面一支沿澳大利亚西海岸延伸到南纬30°；东北面一支与覆盖中国的陆表海相连，与构造复杂的日本地槽相通，向北与乌拉尔地槽相通。特提斯海域环境复杂，包括浅水和深水区，活动区和相对稳定的地区。

二叠纪末大面积的海退，使世界上大部分地区早二叠纪及晚二叠纪早期海域退缩殆尽。但中国华南、巴基斯坦和伊朗一带二叠、三叠纪间始终保持海域环境。

二叠纪有丰富的矿产资源，最重要的有岩盐、钾盐、煤、石油和天然气、磷、铜、锰等。

蒸发岩类主要见于美国西部得克萨斯州、德国的镁灰岩盆地以及荷兰、英国、丹麦和波兰等地。岩盐多分布于白俄罗斯、俄罗斯。二叠纪的煤，不论质和量均居重要地位，主要产地有西伯利亚中、北部，中国，印度，澳大利亚，南非，津巴布韦和刚果。西半球在此

铜矿石

时期无重要煤矿。

石油和天然气主要产于美国的俄克拉荷马州和得克萨斯州，俄罗斯的欧洲部分，荷兰和德国等地。

磷矿见于美国的蒙大拿州、爱达华州、怀俄明州等地，俄罗斯乌拉尔山西部，中国东南部的江苏、浙江和福建等地。

铜矿见于德国的含铜页岩层。中国西南地区亦有与玄武岩关系密切的沉积铜矿。

锰矿见于中国南方陆表海的浅水含锰硅质岩层中。

知识点

蒸发岩

蒸发岩，一种化学沉积岩。由湖盆、海盆中的卤水经蒸发、浓缩，盐类物质依不同的溶解度结晶而成。海湾、潟湖和大陆上的干燥地区是蒸发岩形成的有利环境。主要由氯化物（石盐、钾盐等）、硫酸盐（杂卤石、石膏等）、硝酸盐（钾、钠、硝石等）和硼酸盐（硼砂等）组成。按成分可分为石膏和硬石膏岩、盐岩、钾镁质岩等。寒武纪、志留纪、泥盆纪和二叠纪是世界上重要的蒸发岩形成时期，中国则以三叠纪、白垩纪和第三纪为主。

延伸阅读

地槽常识

地壳上的槽形坳陷。在地槽地台学说中是与稳定的克拉通或地台相对立而存在的强烈构造活动带，二者构成地壳的两种基本构造单元。

地槽具有以下特征：

1. 呈长条状分布于大陆边缘或二大陆之间，宽可达上百千米，延伸可达上千千米。

2. 具有特征性的沉积建造并组成地槽型建造序列，如硬砂岩建造、复理石建造、硅质—火山岩建造、磨拉石建造等，沉积厚度巨大。

3. 广泛发育强烈的岩浆活动，有细碧—角斑质火山喷发，中、酸性岩浆浅成活动和玄武岩喷发等。

4. 构造变形强烈，普遍发育褶皱和逆冲断层推覆构造等。

5. 区域变质作用发育。

6. 具有成矿专属性，如与口、酸性侵入活动有关的铜、铁、钨、锡矿，与基性超基性岩有关的铬、镍矿等。

7. 地球物理场特点是具有呈现条带状分布的重、磁异常以及高热流值的地热分布。

地槽从其开始发育到最后封闭大致经历了以下演化阶段：广泛接受沉积的地槽坳陷阶段；强烈构造变形形成褶皱带并逐渐抬升的造山阶段；褶皱带全面隆起、地槽封闭的后造山阶段。

地槽的演化反映了洋陆之间复杂的相互作用。

二叠纪灭绝的物种

二叠纪的生物，内容丰富，不论是动物或植物都显示出与石炭纪有一定的演化连续性。

二叠纪早期的植物群与晚石炭纪相似，以真蕨和种子蕨为主。晚期植物群有较大变化，鳞木类、芦木类、种子蕨、柯达树等趋于衰微或濒于灭绝，代之以较进化或耐旱的裸子植物，松柏类数目大为增加，苏铁类开始发展。这一变化在北方大陆反映较明显，一般被认为这里的中植代始于二叠纪晚期。

在地理分异上，欧亚大陆和北美为北方植物群，下分安加拉、欧美和华夏3个植物亚群；而南大陆及印度半岛为舌羊齿植物群。

　　无脊椎动物方面，腕足类继续繁盛，其中长身贝类占优势。软体动物亦为重要组成部分，其中菊石类具有明显生态分异，在相对局限的华南与外高加索等陆棚地区有大的演化辐射，出现不少地方性类型。蜓类、四射珊瑚在早期繁盛，至晚期逐渐衰减而至灭绝。牙形刺与石炭纪末期相似，是发展缓慢的阶段。苔藓虫类处于衰退期。介形类的速足目渐趋繁盛。三叶虫趋于灭绝。昆虫开始迅速发展，种类增多。

　　脊椎动物的重要代表为两栖动物的迷齿类和爬行动物。爬行动物虽然发生在石炭纪，但其首次大量繁盛是发生在二叠纪。爬行动物的杯龙目、盘龙目和兽孔目 3 个主要分类在二叠纪时均有存在。它们作为现代爬行类、鸟类和哺乳动物的先祖（或其近亲），相当活跃地生活于南美和俄罗斯欧洲部分等内陆地区。

　　二叠纪地层有效的分层和对比化石主要是蜓和菊石，优点是它们显示有易于辨认的演化趋势和较快的演化速率；不足之处是它们的生存往往受岩相控制，在世界范围内分布还不够广泛。所以，近年来有人主张对牙形刺和放射虫等进行深入研究，从而更有利于海相二叠纪地层的全球对比。

　　二叠纪的生物事件十分明显。南半球冈瓦纳舌羊齿植物群几乎全为三叠纪的二叉羊齿植物群取代。许多动物门类整目或整亚目在二叠纪末消亡。

　　蜓类在晚二叠纪尚存 40 多个属，该纪结束时则全部灭绝。菊石在晚二叠纪的 12 个科中，有 10 个科灭绝于二叠纪末。

　　腕足类在晚二叠纪 140 个左右的属，至二叠纪末所余极少。实际上，能够留下来的，绝大多数也只是在早三叠纪生活一段很短的时间。

　　可以肯定的是，绝没有一种单独的原因可以引起如此巨大的变革。已经提出的解释可以归纳为海洋盐度的变化、气候变化、地磁极倒转、宇宙线暴、超新星爆发、小星体陨击、生物本身的神经内分泌反应等。最可能的解释是影响生物演化进程的各种因素的特定结合，如海水进退，沉积消长，气候变化，造山作用，洋流变化，星体陨击，生态系列营养结构的变化，病毒、寄生虫和瘟疫的出现等。

　　二叠纪时，地球上出现更为明显的气候分带和生物地理分区现象。早期以寒冷、冰川广布为特征；晚期以海退、气候干旱为特征。南美、非洲南部、印度半岛、巴基斯坦盐岭、澳大利亚和南极洲以及中国西藏南部等地均有冰碛岩或冰水沉积。虽然一般认为冰碛岩类主要见于二叠纪沉积系列的下部或底部，但其中缺乏化石或仅有特化的冷水分子如宽铰蛤组成，很难与标准剖面进行对比。因此，上述各处冰碛物沉积很难精确断定是否是同时的。

在植物界，欧亚古陆北方植物群大区明显地分为安加拉、欧美和华夏3个亚区，南方冈瓦纳大陆的舌羊齿植物群区则和北方大区相对应。欧美区和华夏区植物群为热带—亚热带产物，安加拉和冈瓦纳区植物群属温带和温带偏凉环境。动物界的腕足类、珊瑚类和贝壳类等也有反映暖水和非暖水的地理分区现象，但其分布的边界和气候条件与植物界并不完全一致。这种气候分带和生物地理分区现象，是影响生物演变和发展的主要因素之一。

生物界的这一灭绝变化事件，迄今尚未有完满的解释，目前主要有下列几种说法：

火山爆发说：地质研究证据显示，二叠纪末发生过大规模火山爆发。这更加证明了当时地球表面有多个火山进行大规模的爆发。短期来说，火山爆发所释放的大量有毒气体会造成生物灭绝，而长期来说，二氧化碳类的气体则会使气候发生大变化，温度上升，造成全球性的致命后果。但经过计算，如此大规模的火山爆发会使地球温度上升5℃左右，的确会毁灭很多生物，但没有足够能力毁灭70%的陆生物种和95%的海洋物种。

陨石撞击说：虽然陨石撞击可以造成生物大毁灭，但是由于科学家至今没有找到二叠纪末期遭到陨石撞击的任何遗迹，因此这个猜想很难成立。但有些科学家认为被陨石撞击的大坑可能早以被熔岩埋没。因此很多人还没有放弃这个猜测。

甲烷说：上世纪90年代中期格陵兰发现了大量二叠纪的沉积岩。通过研究发现二叠纪的大灭绝可能并非突然发生，而是经历了8万年的历史。8万年的历史中，首先被消灭的是海洋里的小部分生物，然后陆生生物受到严重打击，最后则是海洋里的大部分生物灭绝。这是由于海底冰冻的甲烷逐渐释放出12C，导致海洋温度上升5℃，这就足以导致生物灭绝了。

但是瓦格纳教授告诉我们，科学家们的研究都认为，每一种原因不是最后的定论，这一次的大灭绝，绝对不是一个单一的原因造成的，而是多种原因共同作用的结果。

该时期主要消失的物种有：

鳞 木

界：植物界

门：蕨类植物门

纲：石松纲

石松中已灭绝的鳞木目中最有代表性的一属。它出现于石炭纪——二叠纪，乔木状，是石炭纪——二叠纪重要的成煤原始物料。

鳞木化石

鳞木树干粗直，高可达 38 米以上，茎部直径可达 2 米。枝条多次二歧分枝，形成宽广的树冠。叶螺旋排列，线形或锥形，具单脉。叶的基部自茎面膨大突出，当叶脱落后在其表面留下排列规则如鱼鳞状叶座。

叶座绝大多数作纵菱形或纺锤形，呈螺旋状排列。叶痕作横菱形或斜方形，中央有一个很小的维管束痕，两侧各有一通气道痕。叶痕的上面有一个很小的叶舌穴，中柱在茎的直径中仅占一小部分，而皮层部分却很厚，显然，它们的输导与支持功能是分开的。茎干的基部为根座，也作二叉分枝状。根自根座四周生出。孢子叶聚集成孢子叶球，着生于小枝顶端。每个孢子叶的腹面（即上面）有一孢子囊。

芦 木

界：植物界

门：蕨类植物门

纲：木贼纲

芦木是古植物，属木贼纲。乔木状，高可达30米。常保存为茎髓部的内模或内核化石。茎分节，节和节间分明，节间具纵脊和纵沟，脊宽而平，相邻节间的脊和沟常为交互排列。有时在节的下面具节下管痕。中石炭纪至二叠纪，分布于世界各地。中国常见于中、下石炭统和二叠系。

封印木

界：植物界

门：蕨类植物门

纲：石松纲

石松类中已灭绝的鳞木目的一属，出现于石炭纪——二叠纪，乔木状，常与鳞木和芦木等共同繁殖在热带沼泽地区形成森林。

本属植物的树干粗直，高可达30米，分枝比鳞木属植物少，仅在顶部作二歧式分枝1~3次或全不分枝。叶线形，长可达1米，具单脉。叶座通常排列成直行，上下靠紧，左右交错，多呈规则的蜂窝形；有时叶座不明显，其侧边常上下相连成明显的纵脊。叶痕较大，常占叶座面积的1/3以上，六边形、钟形、凸镜形或扁圆形，位于叶座中央或两纵脊之间。叶痕内纵管束痕作圆形或椭圆形，一般比侧痕小。侧痕作新月形或纵卵形。此三痕常位于叶痕侧角连线以上。叶舌穴常位于叶痕的顶角或更高处，一般不明显。

封印木化石

茎干的基部为根座，类似根，也作二叉分枝状。根自根座四周生出。茎和根座的结构与鳞木相似，都具有很厚的皮层，是比较细弱的中柱和根发育的次生组织。孢子叶聚集成孢子叶球，以长柄着生于树干分叉处的上部。每个孢子叶的腋部有一孢子囊。孢子囊有大小两种：小孢子囊内含很多小孢子；大孢子囊内通常含 12 个大孢子。

三叶虫

界：动物界

门：节肢动物门

纲：三叶虫纲

三叶虫最早出现于寒武纪，在古生代早期达到顶峰，此后逐渐减少至灭绝。最晚的三叶虫于二叠纪结束时的生物集群灭绝中消失。

三叶虫是非常知名的化石动物，其知名度可能仅次于恐龙。在所有的化石动物中三叶虫是种类最丰富的。

三叶虫的躯体分三个体段：头部由口前的两个环和口后的四个环完全融合在一起组成，胸部由可以相互运动的环组成，尾部由最后几个与尾扇完全融合在一起的环组成。最原始的三叶虫的尾部还相当简单。三叶虫的胸部非常灵活——化石的三叶虫往往像今天的地鳖一样蜷在一起来保护自己。

三叶虫有一对口前的触角，它的其他足之间没有区别。每个足有六个节，这与其他早期的节肢动物类似。第一节还带有羽毛似的副叶被用来呼吸和游泳。躯体上有从中叶伸出的侧叶。这个横向的三叶结构是三叶虫名字的来源，而不是它纵向分为头、胸、尾三部分。

虽然三叶虫只在背部有盔甲，但是它们的外骨骼还是相当重的，它们的外骨骼是由甲壳素为主的蛋白质联合方解石和磷化钙等矿物组成的。不像其他节肢动物那样能够在蜕皮前重新吸收外骨骼中的大部分矿物，三叶虫在蜕皮时将所有盔甲中的矿物全部抛弃，因此一个三叶虫可以留下多个良好的矿物化的外骨骼，这提高了三叶虫化石的数量。在蜕皮时外骨骼首先在头部和胸部之间分开，这是为什么许多三叶虫的化石不是缺少头部就是缺少胸部，其实许多化石是三叶虫蜕掉的皮，而不是死去的三叶虫形成的。

大多数三叶虫的头部有两个面部缝合来简化蜕皮过程。头部的两侧有一对复眼，有些种的复眼相当先进。事实上约5.43亿年前三叶虫是第一批进化出真正的眼睛的动物。有人认为眼睛的出现是寒武纪生命大爆发的导致原因。

从奥陶纪到泥盆纪末，一些三叶虫（比如裂肋三叶虫目）进化出了非常巧妙的棘刺似的结构，尤其是在摩洛哥发现的这样的化石。不过要当心的是许多从摩洛哥出售的带有棘刺结构的三叶虫化石实际上是伪造品。此外在俄罗斯西部、美国俄克拉荷马州以及加拿大安大略省也有带棘刺结构的化石被发现。这种棘刺结构可能是对于鱼的出现的一种抵抗反应。

三叶虫的大小在1~720毫米之间，典型的大小在20~70毫米间。

三叶虫灭绝的具体原因不明，但是志留纪和泥盆纪时期两腭强大，互相之间由关节连接的鲨鱼和其他早期鱼类的出现与同时发生的三叶虫数量的减少似乎不是无关的。三叶虫为这些新动物可能提供了丰富的食物。

此外到二叠纪后期时三叶虫的数量和种类已经相当少了，这无疑为它们在二叠纪—三叠纪灭绝事件中的灭绝提供了条件。此前的奥陶纪—志留纪灭绝事件虽然没有后来的二叠纪—三叠纪灭绝事件那么严重，但是也已经大大地减少了三叶虫的多样性。

今天存在的与三叶虫最接近的动物可能是鲎或头虾纲等动物。

蜓类属

门：原生动物门

纲：肉足虫亚纲

亚纲：有孔虫纲

目：蜓目

科：蜓超科

蜓类因其外形多为纺锤形，故也称之为纺锤虫，也可见透镜状或球状，大小一般为3厘米左右。生活于水深100米左右的热带或亚热带正常浅海环境，营底栖生活。

壳体一般大小如麦粒，最小不到1厘米，最大可达20~30厘米以上。具多房室包旋。

初房—最初的房室。

房室—两隔壁之间的空间。

隔壁—分割两隔壁的壳室。

前壁—终室前方的壳壁。

旋壁——蜓的外壳。

轴切面—垂直壳壁生长方向的切面。

旋切面—平行壳壁生长方向的切面。

蜓类始于早石炭纪晚期，早二叠纪达于极盛，晚二叠纪开始衰落，二叠纪末全部绝灭。是石炭——二叠纪的重要标准化石。

知识点

裸子植物

裸子植物，种子植物中较低级的一类。具有颈卵器，既属颈卵器植物，又是能产生种子的种子植物。它们的胚珠外面没有子房壁包被，不形成果皮，种子是裸露的，故称裸子植物。

裸子植物多为乔木，少数为灌木或藤木（如热带的买麻藤），通常常绿，叶针形、线形、鳞形，极少为扁平的阔叶（如竹柏）。大多数次生木质部只有管胞，极少数具导管（如麻黄），韧皮部只有筛胞而无伴胞和筛管。大多数雌配子体有颈卵器，少数种类精子具鞭毛（如苏铁和银杏）。

▶▶▶ 延伸阅读

三叶虫的命名

今天在全世界发现的三叶虫化石可以分上万种，由于三叶虫的发展非常快，因此它们非常适合被用做标准化石，地质学家可以用它们来确定含有三叶虫的石头的年代。

三叶虫是最早的、获得广泛及引力的化石，至今为止每年还有新的物种被发现。一些印第安人部落认识到三叶虫是水生动物，他们称三叶虫为"石头里的小水虫"。

早在300多年前的明朝崇祯年间，一个名叫张华东的人在山东泰安大汶口发现了一种包埋在石头里的"怪物"，其外形容貌颇似蝙蝠展翅，于是他就为之命名为"蝙蝠石"。

清初文人王士禛在《池北偶谈》一书《谈艺》篇中首次记载了泰山燕子石，即三叶虫化石，"背负一小蝠、一蚕，腹下蝠近百，飞者、伏者、肉羽如生，蚕右天然有小凹，可以受水；下方正，受墨。公制为砚，名曰：'多福砚'"。

到了20世纪20年代，我国的古生物学家对"蝙蝠石"进行了科学研究，终于弄清楚了原来这是一种三叶虫的尾部。这种三叶虫生活在5亿年前的寒武纪晚期，是海洋中的一种节肢动物。

为了纪念这个世界上给三叶虫起的第一个名字，我国科学家就把这种三叶虫由拉丁名翻译成的中文名字依然叫做蝙蝠虫。

国外研究三叶虫的最早记录可以追溯到1698年。当时，鲁德把一个头部长有三个圆瘤的三叶虫化石命名为"三瘤虫"。

到了1771年，瓦尔其根据这种动物的形态特征，即身体从纵横两方面来看都可以分成三部分：纵向上分为头部、胸部和尾部，横向上分为中轴及其两边的侧叶部分，因而给出了一个恰如其分的名称——"三叶虫"。

中生代的物种灭绝

　　在希腊文中，中生代意为"中间的"＋"生物"。中生代介于古生代与新生代之间。由于这段时期的优势动物是爬行动物，尤其是恐龙，因此又称为爬行动物时代。在中生代末期，已见现代生物的雏形。

　　在中生代，共发生过两次物种大灭绝事件：第一次发生在距今2.05亿年前的三叠纪末期，估计有76%的物种，其中主要是海洋生物在这次灭绝中消失。这一次灾难并没有特别明显的标志，只发现海平面下降之后又上升了，出现了大面积缺氧的海水。第二次发生在距今6500万年前白垩纪末期，是地球史上第二大生物大灭绝事件，约75%～80%的物种灭绝。在五次大灭绝中，这一次大灭绝事件最为著名，因长达1.7亿年之久的恐龙时代在此终结而闻名，海洋中的菊石类也一同消失。其最大贡献在于消灭了地球上处于霸主地位的恐龙及其同类，并为哺乳动物及人类的最后登场提供了契机。

中生代简介

　　中生代是显生宙的三个地质时代之一，可分为三叠纪、侏罗纪和白垩纪三个纪。中生代最早是由意大利地质学家 Giovanni Arduino 所建立，当时名为第二纪，以相对于现代的第三纪。在希腊文中，中生代意为"中间的"+"生物"。中生代介于古生代与新生代之间。由于这段时期的优势动物是爬行动物，尤其是恐龙，因此又称为爬行动物时代。

中生代的年代为2.5亿~6500万年前，开始于二叠纪—三叠纪灭绝事件，灭绝了当时的90%~96%的海洋生物与70%的陆生生物，也是地质年代中最严重的灭绝事件，因此又称为大灭绝（Great Dying）。结束于白垩纪—第三纪灭绝事件，可能是由犹加敦半岛的希克苏鲁伯撞击事件所造成，此次灭绝事件造成当时的50%物种消失，包含所有的非鸟类恐龙。前后横跨1.8亿年。中生代可以分为以下三个纪：

三叠纪（Triassic）：2.5亿~2.05亿年前

侏罗纪（Jurassic）：2.05亿~1.35亿年前

白垩纪（Cretaceous）：1.35亿~6500万年前

古生代晚期的大陆位置相当不明确，而科学家已能大致推算出中生代的各大陆位置。在中生代开始时，各大陆连接为一块超大陆——盘古大陆。盘古大陆后来分裂成南北两片，北方的劳伦古陆与南方的冈瓦纳大陆。各大陆的分裂形成大西洋沿岸的被动大陆边缘，例如美国的东部海岸。

在中生代期间，各大陆逐渐移动到接近现在的位置。劳伦古陆分裂为北美和欧亚大陆，南方的冈瓦纳大陆分裂为南美、非洲、印度与马达加斯加、澳大利亚和南极洲，只有澳大利亚没有和南极洲完全分裂。印度在新生代时期与欧亚大陆碰撞、聚合，形成喜马拉雅山脉。

中生代三叠纪的全球气候较为干旱，季节性变化大，尤其是盘古大陆内部；自石炭纪晚期开始，全球的气候逐渐变得干旱。这段时期的海平面低，可能助长了极端的气温。由于水的比热容大，大体积的水体可以稳定气温，尤其是海洋，而邻近大规模水体的陆地气温变化较小。由于盘古大陆的内陆区域离海洋很远，这些地区的气温变化非常大，可能有广大的沙漠。大量的红层与蒸发岩（例如盐），支持这个理论。

在侏罗纪时期，海平面开始上升，原因可能是海底扩张的加速。新形成的海洋地壳，使海平面上升至现今的海拔200米左右。此外，盘古大陆开始分裂，形成特提斯洋。气温逐渐上升、稳定。由于各大陆接邻海洋，沙漠缩小，大气中的湿度增加。

白垩纪的气候状况较不确定，也较多争议。大气层中的二氧化碳含量高，使热带与极区的温度梯度较为平顺，各地区的气温差异不大。平均气温高于现今约10℃。在白垩纪中期，赤道地区的海洋底层温度约为20℃，对于许多海洋生物可能过于温暖，邻近赤道海洋的陆地反而成为沙漠。海洋低层的氧气循环系统，可能因此缓慢、中断。因此，大量的生物有机体无法顺利分解，进而大量堆积，最终沉积成油页岩。

但是，不是所有的现存资料可以支持以上假说。即使全球的气候温暖，极区的冰帽、冰河仍可造成气温的变动；但目前并没有发现白垩纪有冰帽、冰河存在的证据。定量模型可能无法重建出白垩纪的平坦温度梯度。

在中生代时期，大气层中的氧气含量约12%～15%，低于现今的20%～21%。某些科学家甚至提出12%的氧气含量，因为这是自然燃烧的最低氧气浓度。但是一个2008年的研究，认为自然燃烧的最低氧气含量是15%。

发生于二叠纪末期的灭绝事件，灭绝了当时地球的大部分生物，使许多生物在事件后开始适应辐射。大型草食性与肉食性恐头兽类的消失，形成许多空缺的生态位。继续存活的二齿兽类、犬齿兽类占据部分生态位，而二齿兽类不久也消失灭绝。在二叠纪末灭绝事件后数百万年，大型主龙类爬行动物成为中生代的陆地优势动物，包含：恐龙、翼龙类；水中的爬行动物则有：鱼龙类、蛇颈龙类、沧龙类。

中生代末发生了白垩纪灭绝事件，50%的生物灭绝，包括所有的恐龙。大多学者认为有一颗彗星撞击地球，引起特大气候变化，很多动物，尤其是冷血动物，无法适应低温而灭绝。可是为何当时鳄鱼一类的冷血动物能存活还是无法解答。

侏罗纪晚期与白垩纪的气候变迁，造成另一次适应辐射。主龙类的多样性在侏罗纪时期达到高峰，鸟类和胎盘类哺乳动物也开始出现并发展。被子植物在白垩纪早期也开始发展，自热带地区开始出现，白垩纪的全球气温允许被子植物分布到极区。在白垩纪末期，被子植物已经成为许多地区的大型优势植物，若以生物量计算，各地的优势植物仍是苏铁、蕨类，直到白垩纪末灭绝事件的发生。

部分科学家认为昆虫的一些器官相当适合被子植物，尤其是口器，而认为昆虫与被子植物同时开始多样化。但是昆虫的口器的出现时间早于被子植物，也早于昆虫开始多样化的时间，因此昆虫的口器是基于其他原因而演化出现的。

在中生代的进程中，早期的大型动物逐渐减少，而小型动物的数量逐渐增多，包含蜥蜴、蛇，可能还有哺乳类、灵长类的祖先。白垩纪末灭绝事件更加重这种倾向，大型的主龙类消失，而鸟类与哺乳类继续存活至今。

知识点

生态位

生态位是指一个种群在生态系统中，在时间空间上所占据的位置及其与相关种群之间的功能关系与作用。

生态位的概念已在多方面使用，最常见的是与资源利用谱概念等同，所谓"生态位宽度"是指被一个生物所利用的各种不同资源的总和。在没有任何竞争或其他敌害情况下，被利用的整组资源称为"原始"生态位。因种间竞争，一种生物不可能利用其全部原始生态位，所占据的只是现实生态位。

延伸阅读

爬行动物生物学特征

1. 循环系统

大部分的现存爬行动物具有闭合的循环系统，它们具有三腔室心脏，由两个心房与一个心室所构成，心室的分割方式并不一致。它们通常只有一对大主动脉。当它们的血液流经三腔室心脏时，含氧血与缺氧血只有少量混合。但是，血液可改变流通方式，缺氧血可流向身体，含氧血可流向肺脏，使爬行动物的体温调节更有效率，尤其是水生物种。

2. 呼吸系统

所有的爬行动物都用肺脏呼吸。水生乌龟发展出具渗透性的皮肤，某些爬行动物可用泄殖腔来增加气体交换的面积。即使具有这些构造，它们仍需要肺脏来完成呼吸。

3. 骨骼系统

爬行动物的骨骼系统大多数由硬骨组成，骨骼的骨化程度高，很少保留软骨部分。大部分的爬行动物缺乏次生颚，所以当它们进食时，无法同时呼吸。鳄鱼已发展出骨质次生颚，使它们可在半隐没至水中时持续呼吸，并防止嘴中的猎物挣扎时，伤及脑部。石龙子科也演化出骨质次生颚。

4. 排泄系统

爬行动物的排泄系统主要借由两颗肾脏。双孔动物所排泄的主要含氮废物是尿酸；而乌龟主要排泄尿素，类似哺乳类。不像哺乳类与鸟类的肾脏，爬行动物的肾脏不能够制造尿液，尿液可以储藏更多的身体废物。

5. 神经系统

爬行动物与两栖类的脑部具有相同的基本部分，但它们的大脑与小脑稍大。爬行动物的感觉器官多发展良好，除了少部分物种，例如蛇缺乏外耳，但仍具有中耳与内耳。爬行动物具有12对脑神经。

6. 繁衍

除了陆龟与海龟以外，大部分的雄性爬行动物具有成对的管状性器官，称为半阴茎。陆龟与海龟则具有单一阴茎。所有的龟鳖目皆为卵生动物，而某些蜥蜴与蛇是卵胎生或胎生动物。爬行动物借由泄殖腔来交配、繁衍；泄殖腔位于尾巴基部，可用来排泄与繁殖。

爬行动物的蛋，外部是钙质蛋壳或皮革，覆盖着内部的羊膜、羊膜囊以及尿囊。

三叠纪的物种进化与灭绝

三叠纪是爬行动物和裸子植物的崛起时期，是中生代的第一个纪。它位于二叠纪和侏罗纪之间。

三叠纪始于距今 2.5 亿～2.05 亿年前，延续了约 4500 万年。海西运动以后，许多地槽转化为山系，陆地面积扩大，地台区产生了一些内陆盆地。这种新的古地理条件导致沉积相及生物界的变化。从三叠纪起，陆相沉积在世界各地，尤其是在中国及亚洲其他地区都有大量分布。

日本首先将希腊文"Trias"译为三叠纪，我国地质界沿用了这一名称。此期形成的地层称为三叠系，代表符号为"T"。三叠纪分为早、中、晚三个世。

代表三叠纪的典型红色砂岩向我们表明，当时的气候比较温暖干燥，没有任何冰川的迹象，那时的地球两极并没有陆地或覆冰。

地球表面的地理分布决定了各地的气候，靠近海洋的地方自然是比较湿润而草木茂盛，但是由于陆地的面积十分广阔，使带湿气的海风无法进入内陆地区，大陆中部便形成了一个很大的沙漠，所以陆地上的气候相当干燥，这进而使得较耐旱的蕨类品种及不过分依赖水繁殖的针叶树逐渐在这些地区取得了竞争优势。

三叠纪时期的地球与现今的地球截然不同，只有一块大陆，这块大陆被称为泛古陆，大致位于现在非洲所在的位置。泛古陆分为北边的劳伦古陆和南边的冈瓦纳古陆。劳伦古陆包括了今日的北美洲、欧洲和亚洲的大部分地区，冈瓦纳古陆则包括了现在的非洲、大洋州、南极洲、南美洲以及亚洲的印度等部分地区。不过到三叠纪中期，泛古陆开始出现分裂的前兆，在北美洲、欧洲中部和西部、非洲的西北部均出现了裂痕。

泛古陆之外的地表上是一片一望无际的超大海洋，这个海洋横跨 20000 多千米，面积大小和今天的所有海洋的总面积差不多。而且由于当时地球上只有

ZHUISU SHENGMING ZUI

一个大陆，因此当时的海岸线比今天要短得多。

三叠纪时遗留下来的近海沉积比较少，并且大多分布在现在的西欧地区，因此三叠纪的分层主要是依靠暗礁地带的生物化石来确定的。

生物变革方面，陆生爬行动物比二叠纪有了明显的发展。古老类型的代表（如无孔亚纲和下孔亚纲）基本灭绝，新类型大量出现，并有一部分转移到海中生活。原始哺乳动物在三叠纪末期也出现了。由于陆地面积的扩大，淡水无脊椎动物发展很快，海生无脊椎动物的面貌也为之一新。菊石、双壳类、有孔虫成为划分与对比地层的重要门类，而蜓及四射珊瑚则完全灭绝。

爬行动物在三叠纪崛起，主要由槽齿类、恐龙类、似哺乳的爬行类组成。典型的早期槽齿类表现出许多原始的特点，且仅限于三叠纪，其总体结构是后来主要的爬行动物以及鸟类的祖先模式；恐龙类最早出现于晚三叠世，有两个主要类型：较古老的蜥臀类和较进化的鸟臀类。海生爬行类在三叠纪首次出现，由于适应水中生活，其体形呈流线式，四肢也变成桨形的鳍；似哺乳爬行动物亦称兽孔类，四肢向腹面移动，因此更适于陆地行走。

原始的哺乳动物最早见于晚三叠世，属始兽类，所见到的化石都是牙齿和颌骨的碎片。三叠纪时，晚二叠世幸存的齿菊石类大量繁盛起来，中、晚三叠世的大部分菊石有发达的纹饰，有许多科是三叠纪所特有的。菊石的迅速演化为划分和对比地层创造了极重要的条件。

双壳类也有明显变化，晚古生代的种类只有很少数继续存在，产生了许多新种类，并且数量相当繁多。尤其在晚三叠世，一些种属的结构类型变得复杂，个体也往往比较大。由于三叠纪的环境与古生代不同，非海相双壳类逐渐繁盛起来。

裸子植物的苏铁、本内苏铁、尼尔桑、银杏及松柏类自三叠纪起迅速发展起来。其中除本内苏铁目始于三叠纪外，其他各类植物均在晚古生代就开始有了发展，但并不占重要地位。二叠纪的干燥性气候延续到了早、中三叠世，到了中三叠世晚期植物才开始逐渐繁盛。晚三叠世时，裸子植物真正成了大陆植物的主要统治者。

标志三叠纪的典型的红色沙岩说明当时的气候比较温暖干燥，没有任何冰川的迹象。今天一般认为当时在两极没有陆地或覆冰。因为当时地球上只有一个大陆，因此当时的海岸线比今天要短得多，三叠纪时遗留下来的近海沉积比较少，只有在西欧比较丰富。因此三叠纪的分层主要是依靠暗礁地带的生物化石来分的。

三叠纪晚期，发生了第四次生物大灭绝，爬行类动物遭遇重创。

苏 铁

知识点

砂 岩

砂岩是一种沉积岩，主要由砂粒胶结而成，其中砂里粒含量要大于50％。绝大部分砂岩是由石英或长石组成的。砂岩是源区岩石经风化、剥蚀、搬运在盆地中堆积形成的。岩石由碎屑和填隙物两部分构成。碎屑除石英、长石外还有白云母、重矿物、岩屑等。填隙物包括胶结物和碎屑杂基两种组分。

延伸阅读

哺乳动物进化特征

最早的哺乳动物化石是在中国发现的吴氏巨颅兽（Hadrocodium wui），它生活在2亿年前的侏罗纪。从化石上看，哺乳动物（尤其是早期的哺乳动物）

与爬行动物非常重要的区别在于其牙齿。爬行动物的每颗牙齿都是同样的，彼此没有区别，而哺乳动物的牙齿按它们在颌上的不同位置分化成不同的形态，动物学家可以透过各种牙齿类型的排列（齿列）来辨识不同品种的动物。此外爬行动物的牙齿不断更新，哺乳动物的牙齿除乳牙外不再更新。在动物界中只有哺乳动物耳中有三块骨头，它们是由爬行动物的两块颌骨进化而来的。

到第三纪为止所有的哺乳动物都很小。在恐龙灭绝后哺乳动物占据了许多生态位。到第四纪哺乳动物已经成为陆地上占支配地位的动物了。

哺乳动物具备了许多独特特征，因而在进化过程中获得了极大的成功。

最重要的特征是：智力和感觉能力的进一步发展；繁殖效率的提高；获得食物及处理食物的能力的增强；胎生，一般分头、颈、躯干、四肢和尾五个部分；用肺呼吸；体温恒定，是恒温动物；脑较大而发达。

哺乳和胎生是哺乳动物最显著的特征。胚胎在母体里发育，母兽直接产出胎儿。母兽都有乳腺，能分泌乳汁哺育仔兽。

这一切涉及身体各部分结构的改变，包括脑容量的增大和新脑皮的出现；视觉和嗅觉的高度发展；听觉比其他脊椎动物有更大的特化；牙齿和消化系统的特化有利于食物的有效利用；四肢的特化增强了活动能力，有助于获得食物和逃避敌害；呼吸、循环系统的完善和独特的毛被覆盖体表有助于维持其恒定的体温，从而保证它们在广阔的环境条件下生存。

胎生、哺乳等特有特征，保证其后代有更高的成活率及一些种类的复杂社群行为的发展。

侏罗纪简介

侏罗纪距今约 2.05 亿~1.35 亿年前，是爬行动物和裸子植物的时代。

侏罗纪之名称源于瑞士、德国交界的侏罗山（今译汝拉山），是法国古生物学家 A. 布朗尼亚尔于 1829 年提出的。由于欧洲侏罗系岩性具有明显的三分性，1837 年，L. von 布赫将德国南部侏罗系分为下、中、上 3 部分。1843 年，

F. A. 昆斯泰德则将下部黑色泥灰岩称黑侏罗，中部棕色含铁灰岩称棕侏罗，上部白色泥灰岩称白侏罗。侏罗纪分早、中、晚3个世。

海相侏罗纪地层富含化石，特别是菊石类特征明显，保存完全。据此，1815年，英国的 W. 史密斯提出利用古生物化石划分、对比地层的见解。

1842年，法国的 A. C. 多比尼提出比统更小的年代地层单位阶，并命名了侏罗纪大部分阶名。

1856年德国的 A. 奥佩尔则提出较详细的菊石带划分。侏罗纪地层正式划分为3统、12阶和74菊石带。下侏罗统（里阿斯统）分为赫唐阶、辛涅缪尔阶、普林斯巴赫阶和托尔阶；中侏罗统（道格统）分为阿林阶、巴柔阶、巴通阶、卡洛阶；上侏罗统（麻母统，分为牛津阶、基末里阶、提唐阶（伏尔加阶）、贝利阿斯阶。

详细的菊石分带为全球范围海相侏罗系的划分、对比提供了良好的基础。在海相侏罗系顶界和统的划分方面，目前国际上仍未统一。

侏罗纪时发生过一些明显的地质、生物事件。最大海侵事件发生于晚侏罗纪基末里期，与联合古陆分裂和新海洋扩张速率增强事件相吻合。环太平洋带的内华达运动也发生于基末里期，这可能显示联合古陆增强分裂与古太平洋板块加速俯冲事件之间存在着某种联系。

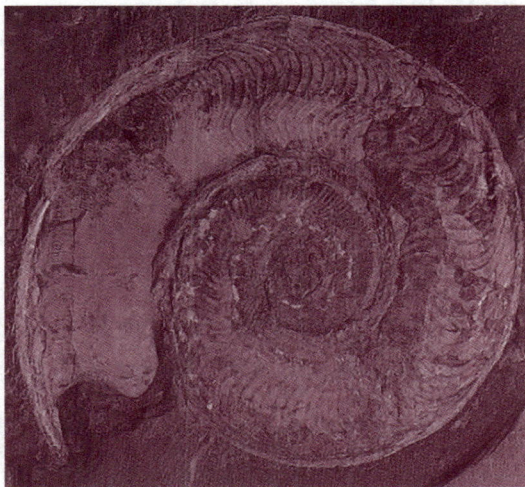

菊石化石

自晚基末里期起，海生动物中出现特提斯大区和北方大区的明显分开，反映古气候分带和古地理隔离程度的加强。中侏罗纪末的降温事件在欧亚大陆许多地方均有反映。近年来在波兰、西班牙中、上侏罗统界线层中发现了地内罕见的铱、锇异常，有人认为是地外小星体撞击地球的结果。

这时候全球各地的气候都很温暖，涌入裂缝而生成的海洋产生湿润的风给内陆的沙漠带来雨量。植物延伸至从前不毛的地方，提供分布广泛且数量众多的恐龙（包括最大型的陆上动物）所需的食物。在它们的上空飞翔最早的小型鸟类；这些鸟类可能是由小型的恐龙演化而来的。海洋则是由大型、会游泳的新爬行类和已具"现代"线条的硬骨鱼类所共享。

气候较现代温暖和均一，但也存在热带、亚热带和温带的区别。早、中侏罗纪以蒸发岩、风成沙丘为代表的干旱气候带出现于联合古陆中西部的北美南部、南美和非洲，晚侏罗纪时扩展到亚洲中南部。中国南部，早侏罗纪时处于热带—亚热带湿润气候环境，中、晚侏罗纪逐渐变为炎热干旱环境；中国北部，早、中侏罗纪气候温暖潮湿，晚侏罗纪温暖潮湿地区缩小。环太平洋带的强烈构造变动与太平洋板块向周围大陆板块的俯冲密切相关。伴随着构造运动的强烈岩浆活动形成钨、锡、钼、铅、锌、铜、铁等矿产，成为太平洋金属成矿带主体部分。

知识点

海　侵

海侵是指在相对短的地史时期内，因海面上升或陆地下降，造成海水对大陆区侵进的地质现象。又称海进。

通常，海侵是海水逐渐向时代较老的陆地风化剥蚀面上推进的过程。一个海侵面就是一个不整合面，也是一个典型的穿时面。海侵的结果，常形成地层的海侵序列：其沉积物自下而上，由粗变细或由碎屑岩变为碳酸盐岩；沉积时的海水由浅变深；陆相沉积逐渐演变成海陆交互相沉积，继续演变成海相沉积。

➡➡➡ **延伸阅读**

板块构造学说

板块构造学说认为，由岩石组成的地球表层并不是整体一块，而是由板块拼合而成的。全球大致分为六大板块，各大板块处于不断运动之中。

一般来说，板块内部地壳比较稳定；板块与板块交界的地带，地壳比较活跃。据地质学家估计，大板块每年可以移动 1～6 厘米距离。这个速度虽然很小，但经过亿万年后，地球的海陆面貌就会发生巨大的变化：当两个板块逐渐分离时，在分离处即可出现新的凹地和海洋；大西洋和东非大裂谷就是在两块大板块发生分离时形成的。喜马拉雅山，就是三千多万年前由南面的印度板块和北面的亚欧板块发生碰撞挤压而形成的。

有时还会出现另一种情况：当两个坚硬的板块发生碰撞时，接触部分的岩层还没来得及发生弯曲变形，其中有一个板块已经深深地插入另一个板块的底部。由于碰撞的力量很大，插入部位很深，以至把原来板块上的老岩层一直带到高温地幔中，最后被熔化了。而在板块向地壳深处插入的部位，即形成了很深的海沟。西太平洋海底的一些大海沟就是这样形成的。

板块构造学说诞生后，已成功地解释了一些大地构造现象。同时，仍存在一些尚不能圆满解释的问题，有些推论也未得到最后的证实。但这些都不会影响这一学说的发展，相反会对它起推进作用。

侏罗纪的物种进化

侏罗纪在生物发展史上出现了一些重要事件引人注意。如恐龙成为陆地的统治者，翼龙类和鸟类出现，哺乳动物开始发展等等。陆生的裸子植物发展到极盛期。淡水无脊椎动物的双壳类、腹足类、叶肢介、介形虫及昆虫迅速发展。海生的菊石、双壳类、箭石仍为重要成员，六射珊瑚从三叠纪到侏罗纪的变化很小。棘皮动物的海胆自侏罗纪开始占据了重要地位。

侏罗纪时爬行动物迅速发展。槽齿类灭绝，海生的幻龙类也灭绝了。恐龙的进化类型——鸟臀类的四个主要类型中有两个繁盛于侏罗纪，飞行的爬行动物第一次滑翔于天空之中。鸟类首次出现，这是动物生命史上的重要变革之一。

恐龙的另一类型——蜥臀类在侏罗纪有两类最为繁盛：一类是食肉的恐龙，另一类是笨重的植食恐龙。海生的爬行类中主要是鱼龙及蛇颈龙，它们成为海洋环境中不可忽视的成员。

侏罗纪是恐龙的鼎盛时期，在三叠纪出现并开始发展的恐龙已迅速成为地球的统治者。各类恐龙济济一堂，构成一幅千姿百态的龙的世界。

陆地上的生物

主要的草食性脊椎动物有原龙脚类和鸟盘目恐龙，以及类似哺乳类的小型爬行类。但晚期，巨大的龙脚类恐龙占了优势。这些动物可以同时吃到高与低处的植物；龙脚类主要靠吞下的石头来磨碎食物。

大型的兽脚类猎食草食性动物；而小型的兽脚类，如空骨龙类和细颚龙类等则追捕小型猎物，也可能以腐肉为食。

细颚龙复原图

三叠纪晚期出现的一部分最原始的哺乳动物在侏罗纪晚期已濒于灭绝。早侏罗纪新产生了哺乳动物的另一些早期类型——多瘤齿兽类，它被认为是植食的类型，至新生代早期灭绝。而中侏罗纪出现的古兽类一般被认为是有袋类和有胎盘哺乳动物的祖先。

软骨硬鳞鱼类在侏罗纪已开始衰退，被全骨鱼代替。发现于三叠纪的最早的真骨鱼类到了侏罗纪晚期才有了较大发展，数量增多，但种类较少。

侏罗纪的菊石更为进化，主要表现在缝合线的复杂化上，壳饰和壳形也日趋多样化，可能是菊石为适应不同海洋环境及多种生活方式所致。侏罗纪的海相双壳类很丰富，非海相双壳类也迅速发展起来，它们在陆相地层的划分与对比上起了重要作用。

昆 虫

侏罗纪的昆虫更加多样化，大约有一千种以上的昆虫生活在森林中及湖泊、沼泽附近。除原已出现的蟑螂、蜻蜓类、甲虫类外，还有蛴螬类、树虱类、蝇类和蛀虫类。这些昆虫绝大多数都延续生存到当代。

蜻 蜓

植 物

智利松的近亲——针叶林，突出于树蕨、棕榈状拟苏铁类和苏铁类所组成的大层林。地面上长满了蕨类和木贼所构成的浓密植被。

在侏罗纪的植物群落中，裸子植物中的苏铁类，松柏类和银杏类极其繁盛。蕨类植物中的木贼类、真蕨类和密集的松、柏与银杏和乔木羊齿类共同组成茂盛的森林，草本羊齿类和其他草类则遍布低处，覆掩地面。在比较干燥的地带，生长着苏铁类和羊齿类，形成广阔常绿的原野。侏罗纪之前，地球上的植物分区比较明显，由于迁移和演变，侏罗纪植物群的面貌在地球各区趋于近似，说明侏罗纪的气候大体上是相近的。

空中的生物

具有皮质翅膀的翼龙类是空中的优势生物。早期的鸟类也出现了，最著名的就是始祖鸟，拥有与小型兽脚类相似的骨骼、牙齿和爪子，但也有长羽毛的

翼龙化石

翅膀和尾巴，并且能够飞翔。空中生物与地面生物也会产生演化。

鸟类

鸟类的出现则代表了脊椎动物演化的又一个重要事件。1861年在德国巴伐利亚州索伦霍芬晚侏罗纪地层中发现的"始祖鸟"化石被公认为是最古老的鸟类代表；近年来，我国古生物学家在辽宁发现的"中华龙鸟"化石得到了国际学术界的广泛关注，为研究羽毛的起源、鸟类的起源和演化提供了新的重要材料。伴随着鸟类的出现，脊椎动物首次占据了陆、海、空三大生态领域。

水中的生物

伪龙类和板齿龙类都绝种了，但鱼龙存活了下来。生活在浅海中的动物还有一群四肢已演化成鳍形肢的海鳄类和硬骨鱼类。其他的海洋生物还有蛇颈龙和短龙。到了晚期，鱼龙和海鳄类逐渐步向衰亡。

知识点

双壳类

双壳类为软体动物门的一个纲，约有两万种。体具两片套膜及两片贝壳，故称双壳类；头部消失，称无头类；足呈斧状，称斧足类；瓣状鳃，故称瓣鳃类。

双壳类因具有大小完全相等的两壳而得名，两壳左右对称，每一壳无对称面。因此可和腕足类区别。双壳类是无脊椎动物中生活领域最广的门类之一，分布很广，由赤道到两极，由潮间带至5800米的深海，由咸化海至淡水湖泊都有分布。

延伸阅读

鸟类简介

鸟是两足、恒温、卵生的脊椎动物，身披羽毛。鸟的羽毛分为正羽（主要用于飞行）和绒羽（主要用于保温）。前肢演化成翼，有坚硬的喙（鸟的嘴）。鸟类的胸骨上有发达的龙骨突，骨骼中空充气，这是鸟类适应飞行生活的骨骼结构特征。

鸟的体型大小不一，既有很小的蜂鸟也有巨大的鸵鸟和鸸鹋（产于澳洲的一种体型大而不会飞的鸟）。

鸟的种类繁多，分布全球，生态多样，现在鸟类可分为三个总目：

1. 平胸总目，包括一类善走而不能飞的鸟，如鸵鸟。

2. 企鹅总目，包括一类善游泳和潜水而不能飞的鸟，如企鹅。

3. 突胸总目，包括两翼发达能飞的鸟，绝大多数鸟类属于这个总目。

鸟的食物多种多样，包括花蜜、种子、昆虫、鱼、腐肉或其他鸟。大多数鸟是日间活动，也有一些鸟（例如猫头鹰）是夜间或者黄昏的时候活动。许多鸟都会进行长距离迁徙以寻找最佳栖息地（例如北极燕鸥），也有一些鸟大部分时间都在海上度过（例如信天翁）。鸟由于用喙在土壤中取食，喙一般狭长尖细，口中没有牙齿。

侏罗纪灭绝的物种

始盗龙

界：动物界
门：脊索动物门
纲：蜥形纲
总目：恐龙总目
目：蜥臀目
属：始盗龙属

始盗龙又名晓掠龙，是世界最早的恐龙之一。它是双足的肉食性恐龙，生活于230百万~225百万年前的阿根廷西北部。模式种是月亮谷始盗龙，其名字的意思是"从月亮来的破晓掠夺者"。古生物学家相信始盗龙代表了所有恐龙的祖先。它的化石是几组保存很好的骨骼。

始盗龙的身体幼小，成长后约1米长，估计重量约10千克。它是趾行动物，以后肢支撑身体。它的前肢只是后肢长度的一半，而每只手都有五指。其中最长的三根手指都有爪，估计是用来捕捉猎物。科学家推测第四及第五指太细小不足以用作捕猎。相较于同时代的艾雷拉龙，始盗龙的口鼻部较低矮，手部较短，荐椎的数量较少。

始盗龙可能主要吃细小的动物。它是快速的短跑手，当捕捉猎物后，会用爪及牙齿撕开猎物。但是，它同时有着肉食性及草食性的牙齿，叶状齿类似原蜥脚下目的牙齿，所以它亦有可能是杂食性的。

始盗龙的骨头首先于1991年由芝加哥大学的古生物学家保罗·塞里诺（Paul Sereno）在阿根廷伊斯巨拉斯托盆地发现。在三叠纪晚期，这地方是一个河谷，但现时已沙漠化。始盗龙是在伊斯巨拉斯托组被发现的，在同一地层就曾发现了早期兽脚亚目的艾雷拉龙。直至1993年，始盗龙都被认为是最早的恐龙。

除了始盗龙缺乏专有的恐龙特征外，它的年纪也以几个因素来决定，包括了缺乏猎食者的特征。不像其他的肉食性恐龙，它的下颚没有可调整的关节，用来咬紧大型猎物。再者，它只有一些牙齿是弯曲及有锯齿的。

始盗龙属于蜥臀目，它的臀部结构很像现今的蜥蜴。

始盗龙复原图

它拥有一些草食性的牙齿及五根完全发现的手指，都使科学家们认为它较艾雷拉龙更为早期。只有最近在马达加斯加发现的一些原蜥脚下目相信较它为早。

槽齿龙

界：动物界

门：脊索动物门

纲：蜥形纲

总目：恐龙总目

目：蜥臀目

亚目：蜥脚形亚目

科：槽齿龙科

属：槽齿龙属

槽齿龙是种草食性恐龙，生存于晚三叠纪诺利阶与瑞提阶。槽齿龙的化石大部分发现于南英格兰与威尔士的三叠纪地层。这个时期的地球气候较为温暖、干燥。晚三叠纪的优势肉食性动物仍为劳氏鳄目等镶嵌踝类主龙，而非刚出现的小型肉食性恐龙；而蜥脚形亚目恐龙已取代二齿兽类，成为优势草食性动物。

槽齿龙平均身长为 1.2 米，高度约 30 厘米，体重为 30 千克。它们拥有小型头部、大型拇指尖爪、修长的后肢、长颈部、前肢比后肢短、长尾巴。它们是二足恐龙。槽齿龙前掌有五个手指，后脚掌有五个脚趾。

槽齿龙是草食性恐龙，牙齿呈叶状，有锯齿状边缘，且位于齿槽内，这也是槽齿龙的名称来源。它们的齿骨长度不到下颌长度的一半。下颌前端稍微往下弯。与近蜥龙相比，槽齿龙有较多的牙齿，头部较长、较狭窄。

槽齿龙的颈椎上有长的椎弓以及前后排列的长神经棘；背椎有强化的横突；荐椎可能有 3 个；肩胛骨宽广、弯曲，稍呈板状；肱骨有明显三角嵴；尺骨的横切面呈三角形；桡骨有大幅度缩小。

虽然槽齿龙并非最早的蜥脚形亚目恐龙（目前发现最早的是在马达加斯加的未命名属），但在原始蜥脚形亚目恐龙中是最著名的一属。它们起初被分类于原蜥脚下目，但在 2003 年，耶兹与基钦的研究显示槽齿龙与它的近亲早于原蜥脚类的出现。新的重建显示槽齿龙的颈部与身体比例，比更先进的早期蜥脚形亚目恐龙的颈部与身体比例还短。

槽齿龙在 1836 年被命名。槽齿龙是第四个被命名的恐龙，前三个分别为斑龙（1824 年）、禽龙（1825 年）、林龙（1833 年）；槽齿龙也是第一个被叙述的三叠纪恐龙。

板　龙

界：动物界

门：脊索动物门

纲：蜥形纲

总目：恐龙总目

目：蜥臀目

亚目：蜥脚形亚目

下目：原蜥脚下目

科：板龙科

属：板龙属

板龙是已知最大的三叠纪恐龙，也是三叠纪最大的陆生动物，身长可达6～10米，体重估计有700千克。

板龙属于原蜥脚下目，该下目是一群早期草食性恐龙。板龙的体型比其他类似动物还要强壮，例如近蜥龙。板龙拥有长颈部，由9个颈椎所构成，身体结实而呈梨状。板龙的尾巴由至少14个尾椎所构成，可作为长颈部与前部身体的平衡工具。

板龙的头颅骨比大多数原蜥脚类恐龙还要坚固、纵深，但是与板龙的身体大小相比时，仍然小型、狭窄。板龙的头颅骨有4对洞孔：包括鼻孔、眶前孔、眼眶、下颞孔。板龙拥有长口鼻部，许多小型、叶状、位在齿槽中的牙齿，颌部关节的位置低，可使下颌提供肌肉更大的力量，以上特征显示板龙只以植物为食。

它们的眼睛朝向两侧，而非前方，形成全范围的视线范围，可警戒、注意掠食者。有些化石保存了巩膜。

板龙的上颌与下颌拥有许多小型牙齿，前上颌骨有5～6颗，上颌骨有24～30颗，齿骨上有21～28颗。这些牙齿有锯齿状、叶状的齿冠，适合消化植物。板龙被

板龙复原图

认为拥有狭窄的颊囊，可避免食物在进食时溢出嘴部。

在1834年，物理学家约翰·腓特烈·恩格尔哈特在德国纽伦堡附近发现了一些脊椎与腿部骨头。三年后，德国古生物学家克莉斯汀·艾瑞克·赫尔曼·汪迈尔根据这些化石建立了新属——板龙属。

板龙的小型、叶状牙齿显示它们为草食性，并且为最早的大型草食性恐龙之一，以高大植被为食，例如针叶树与苏铁。如同它们的近亲大椎龙，板龙可能吞食胃石以协助消化食物，因为它们缺乏咀嚼用颊齿。

如同所有的原蜥脚下目恐龙，板龙的前肢比后肢短许多，而且它们拥有明显的手指，以及拇指尖爪。一个对于板龙前肢的生理构造研究，证实了前肢的运动范围，排除了板龙习惯于四足步态的可能。

如同兽脚亚目，板龙与其他相关的原蜥脚类不能旋转它们的手掌，所以它们的手掌往下垂，而且不能以前肢支撑重量或行走。这个研究避免了关于板龙有限的转动手掌能力争议，而直接排除了板龙以指关节触地行走与其他形式的运动方式的可能性。

所以，虽然板龙的体型可能属于四足动物，但由于它们的前肢结构限制，它们用后腿行走移动。它们的前肢可能用来进食时降低树枝、用来抓取或用来防御。

板龙的手部骨头非常大，有五个手指。第四、第五指非常小。

剑　龙

界：动物界

门：脊索动物门

纲：蜥形纲

目：恐龙总目

亚目：装甲亚目

科：剑龙科

属：剑龙属

剑龙复原图

剑龙是最知名的恐龙之一，因其特殊的骨板与尾刺闻名。剑龙就像暴龙、三角龙以及迷惑龙一样，经常出现在书籍、漫画或是电视、电影当中。

剑龙生活在侏罗纪晚期，头尾长大约是 9 米，高度则大约 4 米。对人类来说，剑龙是相当庞大的动物。但是在它们所生存的年代中，还有许多更为巨大的蜥脚类恐龙。另外沿着弓起的背部脊线，有两道形状类似风筝的板状物平行排列；在尾部靠近末端的区域，则有两对尖刺向水平方向突起。这些装甲，可以用来防御一些属于兽脚类的掠食者，例如异特龙与角鼻龙。

剑龙有 4 只脚，它们的后脚有 3 个脚趾，而前脚则有 5 个。四肢皆由位于脚趾后方的脚掌支撑。剑龙的后脚比前脚更长也更强壮，使姿态变得前低后高。它们的尾部明显高于地面许多，而头部则相对地较为贴近地面，能够离地不超过 1 米。

狭长的颅骨在整个剑龙身体中只占一小部分。与大多数的恐龙不同，在剑龙的眼睛与鼻子之间，并没有一个称为眶前孔的洞口。这种特征出现在大多初龙类（包含鸟类、恐龙、翼手龙与鳄鱼等动物的分类群）动物中，其中现存的鳄鱼已经失去了这个特征。位置较低的头部，可能可以用来观察低矮的植物，并且以这些植物为食。

剑龙的门齿消失，取而代之的是喙状结构，这也显示了它们的食性。剑龙的牙齿较小，并且呈三角形，因为缺乏研磨面，所以这些牙齿用来进行研磨的作用不大。此外，牙齿在下颌的排列方式，显示出剑龙拥有突出的脸颊。

剑龙的脑容量不比狗的脑容量更大，因此与整个身体相比之下便显得相当渺小。剑龙的命名者奥斯尼尔·查尔斯·马许，曾经在 1880 年代获得一具保存完善的颅骨，显示出剑龙的脑容量非常小，可能是所有恐龙中最小的一个。事实上，当动物的体重大于 4.5 吨时，其脑部重量将不会超过 80 千克。这个现象使过去的人们认为恐龙是相当愚笨的动物，不过这种想法现在已经被广泛地否定。

剑龙与相近的恐龙皆属于草食性，不过它们的进食策略与其他的草食性鸟臀目恐龙有所不同。其他的鸟臀目恐龙拥有能够辗磨植物的牙齿以及水平运动的下颚。而剑龙（包括剑龙下目）的牙齿则缺乏平面，使牙齿与牙齿之间无法闭合，它们的下颚也无法水平地运动。

剑龙在侏罗纪晚期物种丰富且在地理上分布广泛，古生物学家认为它们所吃的食物包括了苔藓、蕨类、木贼、苏铁、松柏与一些果实。同时由于缺乏咀嚼能力，因此它们也会吞下胃石，以帮助肠胃处理食物，这种行为也出现在现代鸟类及鳄鱼当中。剑龙并不像现代草食性哺乳类一样以地面上低矮的禾本科植物（草）为食，因为这类植物是在白垩纪晚期才演化出来的，那时剑龙早已灭绝许久了。

关于剑龙低矮的觅食行为策略有一种假说，认为他们吃较矮的非开花植物的果实或树叶，并且认为剑龙最多只能吃到离地 1 米的食物。另一方面，如果剑龙如巴克尔所述，能够以两只后脚站立的话，那么它们就能够找到并吃到更高的植物。对于成年个体来说，能够达到离地 6 米的高度。

始祖鸟

界：动物界

门：脊索动物门

纲：蜥形纲

目：蜥臀目

科：始祖鸟科

属：始祖鸟属

种：印石板始祖鸟

始祖鸟生活于约 1.55 亿 ~ 1.5 亿年前晚侏罗纪，化石分布在德国南部索伦霍芬石灰岩矿床。它的德文名字意指"原鸟"或"首先的鸟"。

始祖鸟复原图

在始祖鸟生存的时期，欧洲仍然是一个接近赤道的群岛。始祖鸟生活于恐龙时代，但是由于同时拥有鸟类及兽脚亚目的特征，因此与恐龙有所区别。

始祖鸟约为现今鸟类的中型大小，有着阔及于末端圆形的翅膀，并比体型较长的尾巴。整体而言，始祖鸟可以成长至 0.5 米长。它的羽毛（比起其他特征来说证据较少）与现今鸟类羽毛在结构及设计上相似。

但是除了一些与鸟类相似的特征外，它有着很多兽脚亚目恐龙的特征。不像现今鸟类，始祖鸟有细小的牙齿可以用来捕猎昆虫及其他细小的无脊椎生物。始祖鸟亦有长及骨质的尾巴，它的脚有三趾长爪，与恐龙极为相似。

由于始祖鸟有着鸟类及恐龙的特征，始祖鸟一般被认为是它们之间的连接：可能是第一种由陆地生物转变成鸟类的生物。1970 年代，约翰·奥斯特伦姆指出鸟类是由兽脚亚目恐龙演化而来的，而始祖鸟就是当中最重要的证据。它保有一些鸟类的特征，例如叉骨、羽毛、翅膀及部分相反的首趾。它亦有一些恐龙特征，例如长的距骨升突、齿间板、坐骨突及人字形的长尾巴。奥斯特伦姆亦发现始祖鸟与驰龙科很显著地相似。

始祖鸟的标本最值得注意的是它那已发展的飞羽。它们是不对称的及有着现今鸟类飞羽的结构，翼片由羽支—小羽枝—羽纤支的排列来提供平衡。尾巴羽毛则较小不对称，且与现今鸟类相似及有着坚固的翼片。拇指却没有独立的小翼羽。

始祖鸟的体羽并没有很多资料，而当中只有柏林标本曾被适当的研究。由于涉及多个物种，只有柏林标本的研究则并不能完全代表所有始祖鸟的品种。柏林标本在脚上有已发展的羽毛。这些羽毛只显示了基本的轮廓，而有些则已被分解了（就像平胸总目缺乏羽纤支），但就部分而言是坚实的及可以支撑飞行。

但其背部有一缀正羽，与现今鸟类体羽的正羽一样成对称及坚实，但却不及与飞行有关的羽毛硬。除此之外，柏林标本的羽毛出现分解及绒毛现象，而其在生时较似毛皮多于羽毛（但在显微镜下的结构并不是）。在身体的其他部分（只限于保存下来及没有重组的部分）及低颈部亦出现同样的情况。

始祖鸟在上颈部及头部并没有显示有羽毛。虽然这可能以为它的头部是裸的，就像其近亲的长有羽毛的恐龙一样，但是这可能是因保存时所造成的。大部分

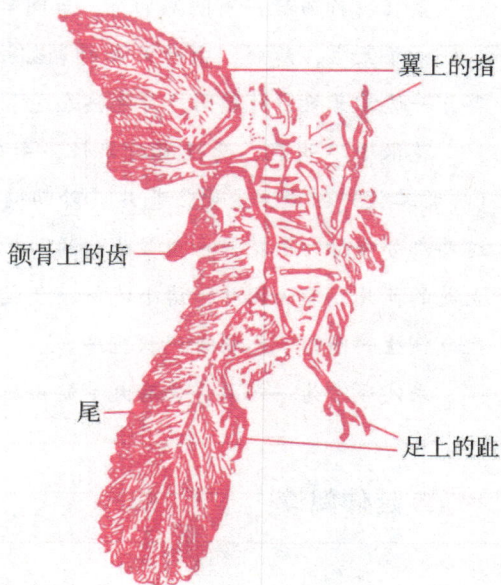

翼上的指

颌骨上的齿

尾

足上的趾

始祖鸟化石

始祖鸟标本都是在经过一些时间在海面上漂浮而嵌入在缺氧的泥沙中，它的头颈部及尾巴一般都是长下倾。当嵌入后开始腐化时，筋腱及肌肉已经放松形成了化石标本的形状。即是皮肤已经软化及松开，有些标本的飞羽在嵌入开始时已经分开。所以有假说指标本在浅水处沿海床移动一些时间才被埋葬，头部及上颈部羽毛脱落，而较坚实的尾巴羽毛则仍然保存。

对 1861 年在德国巴伐利亚州的石灰岩中发现的始祖鸟羽毛化石（飞羽）的色素承载结构大小与形状的分析，认为几乎肯定是黑色的。

知识点

禾本科

多数为草本，少数为木质植物（如竹类）。

茎（特称为秆）有明显的节，节间常中空，少数为实心。

叶子互生，两列，由叶片和叶鞘组成，叶片狭长，叶脉平行，叶鞘抱茎，一边常开裂，叶鞘同叶片连接处通常有一叶舌。

花很小不明显，两性有时单性，由雄蕊和雌蕊及 2～3 枚内质的浆片（亦称鳞被）组成，生于 2 苞片（外面的苞片称外稃，里面的名内稃）内，这些部分合称一小花，一至多朵，两列于一纤细的短轴上，基部通常有 2 枚无花的苞片，名为颖片，诸小花与颖合成一小穗，小穗无柄或具柄，排成顶生或侧生的圆锥、总状或穗状花序。

果实通常为一颖果，含有大量淀粉质胚乳，稀有浆果、囊果或坚果。

▶ 延伸阅读

恐龙的分类

早期的古生物学家认为恐龙是自成一类的爬行动物，因此将其统一分类在"恐龙目"当中。后来，当科学家对这些动物的知识增多以后，才发现它们实际上包括了两个不同的爬行动物目，即蜥臀目（一般称为蜥臀类）和鸟臀目（一般称为鸟臀类）。两个目的恐龙分别在三叠纪晚期起源于槽齿类。

蜥臀目分为3个亚目：古脚亚目、蜥脚亚目和兽脚亚目。

古脚亚目是一些生活在三叠纪晚期的小型至中型恐龙，曾被称为原蜥脚类或板龙类。它们身体较粗壮，半四足行走。我国云南发现的著名的禄丰龙就属于古脚亚目。

蜥脚亚目从古脚亚目演化而来，主要生活在侏罗纪和白垩纪。它们绝大多数都是巨型的素食恐龙。头小，脖子长，尾巴长，牙齿呈小匙状。蜥脚亚目的著名代表有产于我国四川、甘肃晚侏罗世的马门溪龙，由19节颈椎组成的脖子长度约等于体长的一半。

兽脚亚目生活在晚三叠世至白垩纪。它们都是肉食性恐龙，两足行走，趾端长有锐利的爪子，嘴里长着匕首或小刀一样的利齿，牙齿前后缘常有锯齿。霸王龙是其著名代表。

鸟臀目分为5个亚目：鸟脚亚目、剑龙亚目、甲龙亚目、角龙亚目和肿头龙亚目。

鸟脚亚目是鸟臀类中，甚至整个恐龙大类中化石最多的一个类群。它们当中有的两足行走，有的四足行走；嘴部一般扁平，脸部长，下颌骨前方有单独的前齿骨；牙齿仅生长在颊部，紧密排列，有一至数排替换齿；后腿的股骨比前肢的肱骨长；第五趾退化；耻骨前、后肢均发育。它们全部是素食恐龙。著名代表有山东龙和青岛龙。

剑龙亚目是出现于侏罗纪并延续到白垩纪初期的素食恐龙。它们四足行走；背部长有直立的骨板或骨棒，尾部后端具有骨质刺棒两对；头又小又低平，脑很小，上颞孔小、侧颞孔大；它们的牙齿小而扁；前上颌骨上没有牙齿；后肢长、前肢短。剑龙亚目的代表有我国四川的沱江龙，它背部的前半部具有被板，后半部却具有扁锥状的骨棒。

甲龙亚目的成员身体低矮粗壮，身披厚重骨甲，行动笨拙。上颞孔封闭，侧颞孔仅剩下一条小裂隙。它们牙齿微弱，四肢较短，后肢稍长于前肢。甲龙亚目主要生活在白垩纪。

角龙亚目是白垩纪发展起来的特色恐龙。它们头骨的后半部扩大，由顶骨和鳞状骨构成颈盾，并分叉构成角状的突起。头骨上常有由鼻骨和眶后骨扩大而形成的角。最著名的代表有三角龙等。

肿头龙亚目的成员最突出的特征就是头骨肿厚，颞孔封闭；腰带中耻骨被坐骨排挤，不参与形成髋白。它们的代表有脊顶龙等等。

白垩纪简介

白垩纪一词由法国地质学家达洛瓦于 1822 年创用。位于侏罗纪和古近纪之间，约 1.35 亿年 6500 万年前。

白垩纪是中生代的最后一个纪，长达 7000 万年，是显生宙的最长一个阶段。发生在白垩纪末的灭绝事件，是中生代与新生代的分界。

白垩纪因其地层富含白垩而得名。白垩是石灰岩的一种类型，主要由方解石组成，颗粒均匀细小，用手可以搓碎。白垩纪形成的地层叫白垩系。

白垩层是一种极细而纯的粉状灰岩，是生物成因的海洋沉积，主要由一种叫做颗石藻的钙质超微化石和浮游有孔虫化石构成，在英、法海峡两岸形成美丽的白色悬崖。白垩层不仅发育于欧洲，北美和澳大利亚西部也有分布。

早期的科学文献将白垩纪分为三个时期，依年代早晚为：纽康姆统、高卢统、森诺统。目前的科学文献一般将白垩纪分为上（晚）、下（早）两层，共计 12 阶，都以欧洲的地层为名，从最早到最晚细分如下：

上白垩纪

麦斯特里希特阶：$70.6 \pm 0.6 \sim 65.8 \pm 0.3$ 百万年前

坎帕阶：$83.5 \pm 0.7 \sim 70.6 \pm 0.6$ 百万年前

桑托阶：$85.8 \pm 0.7 \sim 83.5 \pm 0.7$ 百万年前

科尼亚克阶：$89.3 \pm 1.0 \sim 85.8 \pm 0.7$ 百万年前

土仑阶：$93.5 \pm 0.8 \sim 89.3 \pm 1.0$ 百万年前

森诺曼阶：$99.6 \pm 0.9 \sim 93.5 \pm 0.8$ 百万年前

下白垩纪

阿尔布阶：112.0 ± 1.0 ~ 99.6 ± 0.9 百万年前

阿普第阶：125.0 ± 1.0 ~ 112.0 ± 1.0 百万年前

巴列姆阶：130.0 ± 1.5 ~ 125.0 ± 1.0 百万年前

豪特里维阶：136.4 ± 2.0 ~ 130.0 ± 1.5 百万年前

凡蓝今阶：140.2 ± 3.0 ~ 136.4 ± 2.0 百万年前

贝里亚阶：145.5 ± 4.0 ~ 140.2 ± 3.0 百万年前

在白垩纪，盘古大陆完全分裂成现在的各大陆，但是它们和现在的位置全不相同。大西洋还在变宽。北美洲自侏罗纪开始，形成多排平行的造山幕，例如内华达造山运动，之后的塞维尔造山运动、拉拉米造山运动。

在白垩纪初期，冈瓦纳大陆仍未分裂，而后南美洲、南极洲、澳大利亚相继脱离非洲，印度和马达加斯加还连在非洲上。南大西洋与印度洋开始出现。这些板块运动，造成大量的海底山脉，进而造成全球性的海平面上升。非洲北边的特提斯洋在变窄。西部内陆海道将北美洲分为东西两部，这个海道在白垩纪后期缩小，留下厚的海相沉积层，夹杂着煤矿床。在白垩纪的海平面最高时期，地表上有 1/3 的陆地沉浸于海洋之下。

白垩纪因为黏土层而著名，这个时期形成的黏土层多于显生宙的其他时期。中洋脊的火山活动，或是海底火山附近的海水流动，使白垩纪的海洋富含钙，接近饱和，也使得钙质微型浮游生物的数量增加。分布广泛的碳酸盐与其他沉积层，使得白垩纪的岩石纪录特别多。北美洲的著名地层组包含：堪萨斯州的海相烟山河黏土层、晚期的陆相海尔河组。其他的著名白垩纪地层包含：欧洲的威尔德、亚洲的义县组。白垩纪末期到古新世早期，印度发生大规模火山爆发，形成现在的德干地盾。

巴列姆阶时期的气候出现寒冷的趋势，这个变化自侏罗纪最后一期就已开始。高纬度地区的降雪增加，而热带地区比三叠纪、侏罗纪更为潮湿。但是，冰河仅出现高纬度地区的高山，而较低纬度仍可见季节性的降雪。

在巴列姆阶末期，气温开始上升，持续到白垩纪末期。气温上升的原因是密集的火山爆发，制造大量的二氧化碳进入大气层中。中洋脊沿线形成许多热柱，造成海平面的上升，大陆地壳的许多地区由浅海覆盖着。位在赤道地区的特提斯洋，有助于全球暖化。在阿拉斯加州与格陵兰发现的植物化石，以及自白垩纪南纬15°地区发现的恐龙化石，证明白垩纪的气温相当温暖。

热带地区与极区间的温度梯度平缓，原因可能是海洋的流动停滞，并造成行星风系的虚弱。分布广泛的油页岩层，以及缺氧事件，可证实海洋的流动停滞。根据沉积层的研究指出，热带的海水表面温度约为42℃，高于现今约17℃；而全球的海水平均表面温度为37℃。而海洋底层温度高于目前的温度约15℃～20℃。

知识点

行星风系

行星风系又称"行星风带"。在不考虑地形和海陆影响下全球范围盛行风带的总称。

行星风系表现为：在南北半球两个副热带高压带之间的低纬度盛行信风，北半球为东北信风带，南半球为东南信风带，两信风带之间是赤道低压带；在副热带高压带和副极地低压带之间的中纬度为盛行西风带；在副极地低压带和极地高压带之间的高纬度盛行极地偏东风，北半球为东北风带，南半球为东南风带。

▶▶▶ 延伸阅读

白垩纪火山的典型代表：雁荡山

雁荡山是亚洲大陆边缘巨型火山（岩）带中白垩纪火山的典型代表，是研究流纹岩的天然博物馆，雁荡山的一山一石记录了距今1.28亿～1.08亿年间一座复活型破火山演化的历史。

雁荡山系绵延数百千米，按地理位置不同可分为北雁荡山、中雁荡山、南雁荡山、西雁荡山（泽雅）、东雁荡山（洞头半屏山），通常所说的雁荡山风景区主要是指乐清市境内的北雁荡山。

由于处在古火山频繁活动的地带，山体呈现出独具特色的峰、柱、墩、洞、壁等奇岩怪石，称得上是一个造型地貌博物馆。

雁荡山造型地貌，也对科学家产生了强烈的启智作用，如北宋科学家沈括游雁荡山后得出了流水对地形侵蚀作用的学说，这比欧洲学术界关于侵蚀学说的提出早600多年。

现代地质学研究表明，雁荡山是一座具有世界意义的典型的白垩纪流纹质古火山——破火山。它的科学价值具有世界突出的普遍的意义。

雁荡山更是被徐霞客收入其游记和方孝孺的《中山草堂记》中。书法家蔡襄、范成大、汤显祖都留下许多诗句和题壁。中国有三山五岳，这三山就是黄山、庐山、雁荡山。谢灵运正是在登雁荡山时发明了谢公屐。康有为在1924年游历雁荡山，留下20多件作品。茅盾有诗《接客僧》，苏轼有诗《次韵周寄雁荡山图二首》。

白垩纪的物种进化与灭绝

植　物

白垩纪早期，以裸子植物为主的植物群落仍然繁茂，而被子植物的出现则是植物进化史中的又一次重要事件。

白垩纪有了可靠的早期被子植物，到白垩纪晚期被子植物迅速兴盛，代替了裸子植物的优势地位，形成延续至今的被子植物群，诸如木兰、柳、枫、白杨、桦、棕榈等，遍布地表。

被子植物的出现和发展，不仅是植物界的一次大变革，同时也给动物以极大的影响。被子植物为某些动物，如昆虫、鸟类、哺乳类，提供了大量的食料，使它们得以繁育；从另一方面看，动物传播花粉与散布种子的作用，同样

木兰花

也助长了被子植物的繁茂和发展。

开花植物（被子植物）在白垩纪开始出现、散布，但直到坎潘阶才成为优势植物。蜜蜂的出现，有助于开花植物的演化；开花植物与昆虫是共同演化的实例。榕树、悬铃木、木兰花等大型植物开始出现。一些早期的裸子植物仍继续存在，例如松柏目、南洋杉与其他松柏繁盛并分布广泛，而本内苏铁目在白垩纪末灭亡。

陆栖动物

动物界里，哺乳动物还是比较小，只是陆地动物的一小部分。陆地的优势动物仍是主龙类爬行动物，尤其是恐龙，它们较之前一个时期更为多样化。翼龙目繁盛于白垩纪中到晚期，但它们逐渐面对鸟类辐射适应的竞争。在白垩纪末期，翼龙目仅存两个科左右。

鸟类是脊椎动物向空中发展取得最大成功的类群。白垩纪早期鸟类开始分化，并且飞行能力及树栖能力比始祖鸟大大提高。我国古生物学家发现的著名的"孔子鸟"就是早白垩纪鸟类的代表分子。

白垩纪末，地球上的生物经历了又一次重大的灭绝事件：在地表居统治地位的爬行动物大量消失，恐龙完全灭绝；一半以上的植物和其他陆生动物也同时消失。究竟是什么原因导致恐龙和大批生物突然灭绝？这个问题始终是地质历史中的一个难解之谜。

引人注目的是，哺乳动物是这次灭绝事件的最大受益者，它们度过了这场危机，并在随后的新生代占领了由恐龙等爬行动物退出的生态环境，迅速进化发展为地球上新的统治者。中国辽宁省的炒米店子组发现了大量的白垩纪早期小型恐龙、鸟类以及哺乳类。这里发现的多种盗龙类，被视为恐龙与鸟类间的连接，其中包含数种有羽毛恐龙。

昆虫在这个时期开始多样化，并发现最古老的蚂蚁、白蚁、鳞翅目（蝴蝶与蛾）。芽虫、草蜢、瘿蜂也开始出现。

海生动物

海洋里，现在的鳐鱼、鲨鱼和其他硬骨鱼也常见了。海生爬行动物则包含：生存于早至中期的鱼龙类、早至晚期的蛇颈龙类、白垩纪晚期的沧龙类。

杆菊石具有笔直的甲壳，属于菊石亚纲，与造礁生物厚壳蛤同为海洋的繁盛动物。黄昏鸟目是一群无法飞行的原始鸟类，可以在水中游泳，如同现代鸊鷉。有孔虫门的球截虫科与棘皮动物（例如海胆、海星）继续存活。

在白垩纪，海洋中的最早硅藻（应为硅质硅藻，而非钙质硅藻）出现；生存于淡水的硅藻直到中新世才出现。对于造成生物侵蚀的海洋物种，白垩纪是这些物种的演化重要阶段。

灭绝事件

剧烈的地壳运动和海陆变迁，导致了白垩纪生物界的巨大变化，中生代许多盛行和占优势的门类（如裸子植物、爬行动物、菊石和箭石等）后期相继衰落和灭绝，新兴的被子植物、鸟类、哺乳动物及腹足类、双壳类等都有所发展，预示着新的生物演化阶段——新生代的来临。

爬行类从晚侏罗纪至早白垩纪达到极盛，继续占领着海、陆、空。鸟类继续进化，其特征不断接近现代鸟类。哺乳类略有发展，出现了有袋类和原始有胎盘的真兽类。鱼类已完全地以真骨鱼类为主。

白垩纪的海生无脊椎动物最重要的门类仍为菊石纲，菊石在壳体大小、壳形、壳饰和缝合线类型上远较侏罗纪多样。海生的双壳类、六射珊瑚、有孔虫等也比较繁盛。淡水无脊椎动物以软体动物的双壳类、腹足类和节肢动物的介形类、叶肢介类为主。

白垩纪时南方古大陆继续解体，北方古大陆不断上升，气候变冷，季节性变化明显。本纪初期出现了被子植物，以后逐步发展。菊石和恐龙、翼龙、鱼龙、蛇颈龙等则由繁盛逐步趋于灭绝，哺乳类和鸟类成为新兴的动物类群。杂食性、食虫性以及食腐动物在这次灭绝事件中存活，可能因为它们的食性较多变化导致。

　　白垩纪末期似乎没有完全的草食性或肉食性哺乳动物。哺乳动物与鸟类以昆虫、蚯蚓、蜗牛……等动物为食而在灭绝事件中存活；而这些动物则以死亡的植物与动物为食。科学家假设，这些生物以生物的有机碎屑为生，因此得以在这次植物群崩溃的灭绝事件中存活。

蜗　牛

　　在河流生物群落中，只有少数动物灭亡；因为河流生物群落多以自陆地冲刷下来的生物有机碎屑为生，较少直接以活的植物为生。海洋也有类似的状况，但较为复杂。生存在浮游带的动物，所受到的影响远比生存在海床的动物还大。生存在浮游带的动物几乎以活的浮游植物为生，而生存在海床的动物，则以生物的有机碎屑为食，或者可转换成以生物的有机碎屑为食。

　　在这次灭绝事件存活下来的生物中，最大型的陆地动物是鳄鱼与离龙目，是半水生动物，并可以生物碎屑为生。现代鳄鱼可以食腐为生，并可长达数月不进食；幼年鳄鱼的体型小，成长速度慢，在头几年多以无脊椎动物、死亡的生物为食。这些特性可能是鳄鱼能够存活过白垩纪末灭绝事件的关键。

知识点

真兽类

　　真兽类是包括除单孔类、有袋类及已灭绝的始兽、多瘤齿兽类、蜀兽类以外的一切有胎盘类哺乳动物，是现代地球上的主宰动物，分为约30个目，其中包括人类所属的灵长目及一些完全灭绝的目。

◆◆◆ 延伸阅读

生命力顽强的鳄鱼

鳄鱼是迄今发现活着的最早和最原始的爬行动物，它是在三叠纪至白垩纪的中生代由两栖类进化而来的。延续至今仍是半水生性凶猛的爬行动物，它和恐龙是同时代的动物，恐龙的灭绝不管是环境的影响，还是自身的原因，都已是化石；鳄鱼的存在证明了它生命的顽强有力。

鳄鱼之所以引起特别关注乃因其在进化史上的地位：鳄是现存生物中与史前时代似恐龙的爬虫类动物相连接的最后纽带。同时，鳄鱼又是鸟类现存的最近亲缘种。大量的各种鳄化石已被发现；4 个亚目中有 3 个已经灭绝。根据这些广泛的化石纪录，有可能建立起鳄和其他脊椎动物间的明确关系。

鳄鱼之所以存活了 1 亿年至今是因为它们大概是迄今为止对环境适应能力最强的动物，它们对环境的适应性表现在以下几个方面：

1. 头部进化精巧，在狩猎时可保证仅眼耳鼻露出水面，极大地保持了隐蔽性。

2. 在爬行动物中拥有难以置信的发达心脏，为 4 心房，正常爬行动物只为 3 心房，接近哺乳动物的水平。

3. 心脏能在捕猎时将大部分富氧血液运送到尾部和头部，极大地增强了爆发力。

4. 大脑进化出了大脑皮层，因此其智商可能大大超乎我们的想象力，智商甚至超过老虎！

⬡ 白垩纪灭亡的物种

鱼 龙

界：动物界
门：脊索动物门

纲：蜥形纲

总目：鱼龙超目

目：鱼龙目

鱼龙是一种类似鱼和海豚的大型海栖爬行动物。它们生活在中生代的大多数时期，最早出现于约 2.5 亿年前，比恐龙稍微早一点（2.3 亿年前），约9000 万年前它们消失，比恐龙灭绝早约 2500 万年。在三叠纪中期，今天还未能确定的陆栖爬行动物逐渐回到海洋中生活，演化为鱼龙，这个过程类似于今天的海豚和鲸的演化过程。在侏罗纪它们分布尤其广泛。在白垩纪它们作为最高的水生食肉动物被蛇颈龙取代。

总的来说，鱼龙体长在 2～4 米之间（不过一些种小一些，有些种长于 4米）。它的头像海豚，拥有一个长的、有齿的吻。鱼龙嘴巴长而尖，上下颌长着锥状的牙齿，整个的头骨看上去像一个三角形。像今天的鲔鱼，它的体型适于快速游泳，椎体如碟状，两边微凹，一条脊椎骨好像一串碟子被串在一条绳索上，尾椎狭长而扁平。

有些鱼龙看上去适合深潜，头两侧有一对大而圆的眼睛，眼睛直径最大可达 30 厘米，而目前所知，现生脊椎动物中最大的眼睛是蓝鲸的眼睛，直径也才 15 厘米。因此鱼龙可以在光线暗淡的夜间或深海里追捕乌贼、鱼类等猎物。

一些科学家估计，鱼龙可以下潜到海洋中 500 米的地方。估计鱼龙的游速可以达到 40 千米/时。如同今天的鲸目动物，它们呼吸空气和胎萌（有些成年鱼龙的化石包含胎儿）。虽然鱼龙是爬行动物，其祖先是生蛋的，但是鱼龙本身胎萌并不出奇。所有呼吸空气的海生动物不是要到海岸上生蛋（如海龟和一些海蛇），就是

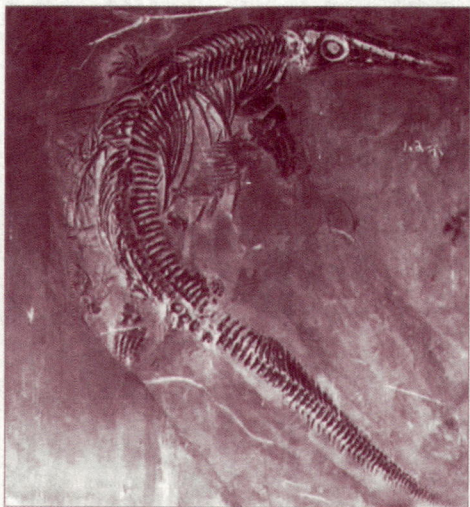

鱼龙化石

得直接在水中产仔（如海豚和鲸）。由于鱼龙流线型的体型使它们不可能爬到岸上生蛋。

鱼龙是卵胎生的。我们知道，大多数爬行动物是卵生的，但有些毒蛇却是卵胎生。所谓卵胎生，即其受精卵不像卵生动物那样排出体外，靠外界环境来孵化，而是留母体之内，待发育成小动物后再产出。这种生殖方式，看上去很像胎生，但它在母体内发育时，不像胎生动物那样由母体供应营养，而主要仍靠受精卵本身的营养，只不过把卵"寄存"在母体内孵化而已，实质上仍还属卵生。

早期鱼龙类的外表看似有鳍的蜥蜴，而不像鱼类或者海豚。

化石发现于加拿大、中国、日本和挪威斯匹兹卑尔根的三叠纪中早期地层。这些早期的物种包括巢湖龙、短尾鱼龙和歌津鱼龙。这些早期鱼龙类属于鱼龙超目，但不属于鱼龙目，它们在三叠纪早期的最后一期，或三叠纪中期的最早一期，演化为真正的鱼龙目。这些鱼龙很快就分化为许多种，其中包括像海蛇、10米长的杯椎鱼龙，以及体型稍小、更典型的物种，例如混鱼龙。三叠纪晚期的鱼龙类包括：比较原始的萨斯特鱼龙类以及更像海豚的真鱼龙类。

三叠纪晚期，侏罗纪早期是鱼龙类的顶峰时期，当时的鱼龙类包括四个科和许多种，其长度从1～10米不等。在侏罗纪中期，鱼龙类依然繁盛，但其多样性减少了。这个时候的代表性鱼龙类包括：4米长的大眼鱼龙及其近亲，它们的外表与鱼龙属类似，拥有完美的"水滴型"流线型身躯。大眼鱼龙的眼睛非常大，这些动物可能在光线比较暗的深海中捕猎。

在白垩纪，鱼龙类的多样性似乎继续下降。虽然它们分布于全世界，但是其种类很少。在白垩纪中期的森诺曼阶/土仑阶灭绝事件中，这些鱼龙类与上龙类消失。而流体力学性能比较差的动物，例如沧龙类和蛇颈龙类继续存活，而且非常繁茂。

鱼龙类的高度特化特征，可能是它们的灭绝原因。它们无法猎食新出现、速度高、繁盛的真骨附类鱼类；而沧龙类的突击的猎食方式，较适合猎食真骨类鱼类。

上　龙

界：动物界

门：脊索动物门

纲：爬行动物纲

目：蛇颈龙目

亚目：上龙亚目

科：上龙科

属：上龙属

上龙属于鳍龙目上龙亚目，与蛇颈龙、楯齿龙、豆齿龙拥有近亲关系，属于侏罗纪中后期海洋食物链顶层，主要以大中型脊椎动物为食，也大量捕食乌贼、鱼类和其他水生动物。

较有名的上龙亚目爬行动物有滑齿龙、克柔龙，现时已知最大的上龙亚目生物为北极圈附近斯瓦尔巴德岛发现的斯瓦尔巴德上龙，根据其化石残骸推测有二十多米，略小于最大脊椎动物蓝鲸。上龙的化石曾发现于英格兰、墨西哥、南美、澳大利亚、接近挪威的北极地区。

如果拿上龙的颅骨与鳄鱼的对比，就会很清楚地了解：上龙的头颅巨大，颈部短小，长有弯刀般锋利的尖齿，上龙咬啮起来更厉害，其肌肉的横断面积比鳄鱼大 3~4 倍，因此，上龙的肌肉更粗更强，颚部庞大又有力；一只大型上龙的体型，足以一口咬起一辆小汽车，然后把汽车"咔嚓"劈成两半。

一对鳍状肢和形如长鞭的尾巴帮助它在大海中乘风破浪。上龙捕食猎物时更是迅猛绝伦，有"海中霸王龙"之称。能与上龙的速度、力量和用以攻击的尖牙相抗衡的只有 1600 万年前生存的某种巨鲨，这种巨鲨现已灭绝。

1. 泥泳龙

泥泳龙的化石出土在英国牛津郡的黏土层里，泥泳龙生活在侏罗纪晚期，已经有所进化，它的椎骨减少到 22 块，牙齿上有十分独特的一条垂直轴线从底部延伸到牙齿中部。科学家还发现泥泳龙的颈骨下面还有一条类似"龙骨"

一样的组织，估计是用来支撑的，但是这样肯定使它的脖子转动不灵活。泥泳龙的后鳍比前鳍要大，这与大多数的蛇颈龙恰恰相反，显示出它是一位速游专家。

上龙化石

2. 滑齿龙

滑齿龙是最出名的上龙之一，首先，它的名字本意是"牙齿有一侧平滑"，它的牙齿外侧光滑，内侧的牙肉则形成了一层层堆起来的褶皱，一方面加固了牙齿，另一方面又增加了摩擦力，防止猎物挣脱。其次，绝大多数资料显示它其实长 12～15 米左右，滑齿龙椎骨继续减少了到 20 块。

3. 克柔龙

克柔龙得名于希腊神话里的宇宙统治者克洛诺斯，他后来被自己的儿子宙斯打败了。克柔龙出现在白垩纪早期，是上龙发展到极至的颠峰巨兽，它全身紧凑，利于快速游泳；颈骨只有 12 块，全长 13 米，光脑袋就有 3 米多，它的嘴巴几乎与脑袋一样长。里面的牙齿又长又大，在那个时代根本没有任何生物可以与它抗衡。

4. 长喙龙

长喙龙是上龙里的晚辈，它生活在白垩纪的晚期，它似乎是一种保存了原始面貌的上龙，椎骨居然有 19 块，嘴巴变得十分细长，活像一只大鸟。长喙龙的身体结构和克柔龙分别很大，倒是和早期的泥泳龙很相似，只有 3～5 米大小。这种上龙主要在北美出土，达科它州的内海就有它的身影。

海 鳄

界：动物界

门：脊索动物门

纲：蜥形纲

亚纲：双孔亚纲

下纲：主龙形下纲

亚目：海鳄亚目

海鳄亚目是一个海生鳄形超目演化支，下含地蜥鳄科和真蜥鳄科。生存于早侏罗纪到早白垩纪，并且分布到全球。

海鳄亚目在 1901 年命名，为地蜥鳄科建立了固定的分类。不同的学者认为海鳄类是中鳄亚目里的下目，也可以是亚目。然而，中鳄亚目因为本身是个并系群，所以不再使用。为了寻求一致，海鳄类依旧是个亚目，但所处的目，目前还没有命名。

1. 地蜥鳄

该类型鳄类主要生活在侏罗纪时代，由于侏罗纪早、中期是一个较大规模的海侵时期，陆地范围缩小，所以部分鳄类开始适应海边生活或完全海生。

像早期进入大海的狭蜥鳄和真蜥鳄还保持着淡水祖先的样子身披盔甲，有长蹼的脚。但此后出现的海栖鳄类的身体结构就表现为对环境的高度适应，甚至显得非常特化。全身无普通鳄类具有的甲片，四肢演化成了鳍肢状。尾巴的形状像鱼鳍，以帮助它游泳。

这一时期海鳄类的主要代表是地蜥鳄和地龙。

地蜥鳄性情凶猛，身长可长到 3～4 米，由于体型结构的原因，在海中的行动相当敏捷，这使得它们的取食范围很广，从各种中小型鱼类、菊石、箭石类，到龟类、蛇颈龙幼崽，甚至连在海面捕食的小型翼龙和巨大的利兹鱼都有可能成为地蜥鳄机会主义的袭击对象。

地龙与地蜥鳄同科，体形略小于地蜥鳄（约 2.5 米），习性相仿，曾广泛分布于各浅海岸边，并生存到白垩纪。

2. 真蜥鳄

真蜥鳄生存于侏罗纪早期，体长 3 米。真蜥鳄生活在海里。它有一个排列着许多尖牙的、极其窄长的嘴。它闭起嘴来，这些牙齿便上下联锁，形成了一个理想的夹子，能抓光滑的鱼或鱿鱼。它可能靠扭动细长的身体和尾巴来游泳，游的时候，短短的前肢紧贴着身体。

中生代海生鳄类从其出现开始，就受到竞争对手的强有力的挑战，侏罗纪中大型的鱼龙类、上龙类一直威胁着它们的生存，其中上龙类中的滑齿龙、克柔龙等更扮演着它们天敌的身份。进入白垩纪后，随着海王龙等沧龙类的异军突起，海生鳄类渐渐走到了演化之路的尽头，它们甚至没有目睹到恐龙家族的最后灭亡。

翼　龙

界：动物界

门：脊索动物门

纲：蜥形纲

目：翼龙目

翼龙，希腊文意思为"有翼蜥蜴"，是一个飞行爬行动物的演化支。它们生存于三叠纪晚期到白垩纪末期。

翼龙是第一种能够动力飞行的脊椎动物。它们的翼是由皮肤、肌肉与其他软组织构成的膜，膜从胸部延展到极长的第四手指上。较早的物种有长而布满牙齿的颌部，以及长尾巴；较晚的物种有大幅缩短的尾巴，而且缺乏牙齿。

翼龙类的体型有非常大的差距，从小如鸟类的森林翼龙，到地球上曾出现的最大型飞行生物，例如风神翼龙与哈特兹哥翼龙。

第一个翼龙化石是在 1784 年由意大利自然学家发现的，当时将这些动物误认为海生动物，将它们的长前肢充当桨来使用。一些科学家持续支持这个海生动物假设。在 1809 年，乔治·居维叶将一个在德国发现的物种命名为翼手龙属，并首次提出这种动物是一种飞行动物。

自从 1784 年在索伦霍芬石灰岩层（年代属于侏罗纪晚期）发现第一个翼龙类化石后，在当地沉积层已发现 29 种翼龙类。在 1828 年，玛丽·安宁在英国莱姆里吉斯发现著名的双型齿翼龙。在 1834 年，建立翼龙目；然而，在最早期的研究中，有时会采用 Ornithosauria（意为"鸟类蜥蜴"）一词。

　　翼龙类的生理结构，因为飞行演化的需求，而与它们祖先的生理结构有大幅差异。翼龙类的骨头中空，内有空气，类似鸟类的骨头。它们拥有胸骨，可让飞行肌肉附着在上，还有加大的脑部，显示出与飞行有关的特化特征。

　　翼龙类的翼膜由皮肤与其他软组织构成，由不同形式的紧密纤维补强。翼膜连接极长的第四手指与身体侧面（或是后肢）之间。

　　过去的观点认为，翼龙类的翼膜构造简单，仅由皮肤构成。但现在的观点认为，翼龙类的翼膜构造相当复杂，具有高度气动性，适合飞行。翼膜由皮肤、极薄的肌肉构成，由不同形式的紧密纤维补强，并具有复杂的血管系统。

　　某些大型标本的翼龙骨头内有中空空间，证实某些翼龙类具有类似鸟类的呼吸系统。另外，根据至少一个标本的软组织，其呼吸系统延伸到翼膜内部。

　　翼龙类的翼可以分成三个部分。第一个部分是前膜，连接腕部到肩膀，位于翼膜最前端，是飞行时首先遭遇到空气的部分。某些化石证据显示，前三根手指之间也连接着前膜。翼的主要部分是臂膜，从第四指延伸至身体两侧（或后肢）。但臂膜连接至身体两侧的哪个位置，仍有争议。某些翼龙类的后肢之间连接着膜，可能延伸至尾巴，称为尾膜。

　　翼龙类的翅膀结构连接到腕部的翅骨，是一种翼龙类专有的骨头，协助支撑腕部到肩膀的前膜。化石证据显示，前三根手指之间也连接着皮膜。因此，前膜的面积可能更大。

　　许多翼龙类有蹼状脚掌，可能不是全部都有，蹼状脚掌可能具有气动上的作用，但也有研究认为蹼状脚掌是一个游泳的证据。某些现代滑翔动物也具有蹼状脚掌，例如鼯猴。

　　一颗翼龙类的牙齿，可能属于科罗拉多斯翼龙大部分翼龙类具有修长的喙状嘴。大部分物种具有针状牙齿，而某些演化物种则没有牙齿，例如无齿翼龙科、神龙翼龙科。某些标本的喙嘴保存了角质组织。

　　大部分主龙类的眼部前方有数个洞孔，而翼龙类的鼻孔与眶前孔连接，形成一个名为鼻—眶前孔的大型洞孔。这个大型洞孔可能具有减轻重量功能，有助于飞行。

　　许多翼龙类的头顶具有头冠。第一个被发现头冠的翼龙类是无齿翼龙，其尖头冠往后。某些物种的头冠形状特殊、巨大，由骨质分叉支撑着角质组织构成，例如古神翼龙科与夜翼龙。

翼龙类并没有发现羽毛证据，但至少部分翼龙类覆盖着毛，类似哺乳类的毛，但非同源演化的结果。翼龙类的毛与哺乳类的毛发并不一样，而是独特的结构，为趋同演化的后果。虽然在有些例子里，翼膜上的纤维被误认为毛，有些化石的头部与身体上的确有毛的压痕，例如索德斯龙，这是另一个趋同演化的例子。毛的出现是基于飞行的需求，也显示翼龙类是温血动物。已经发现多种有毛翼龙化石。

箭 石

界：动物界

门：软体动物门

纲：头足纲

亚纲：蛸亚纲

目：箭石目

箭石与现代的乌贼类比较相似，但内壳远比乌贼的内壳发育。其内壳主要由鞘、闭锥和前甲3部分构成。

鞘最容易保存为化石：箭石个体大小变化很大，一般鞘长4～12厘米，身体总长一般为24～90厘米，最长可达4米多。箭石主要生活在大陆架海区，推测以自由游泳或漂浮为主，捕食小鱼和甲壳类，分布十分广泛。箭石除用于确定地层时代外，还可测定当时水温，为确定古气候及大陆漂移提供资料。

箭石生活在中生代侏罗纪到白垩纪时期，今天的欧洲是它主要的分布地区。箭石的身体较长，眼睛较大，整体外形类似现在的枪乌贼。它长有大约10只触手，这些触手从头部末端伸出，并且全部带有吸盆和钩。箭石可以利用这些触手抓取海洋中的小型生物作为其食物。它身体前端的两侧长有翼状的鳍，这些鳍能帮助它控制前进的方向并慢慢地游动。但当遇到危险时，箭石不能依靠鳍逃命，而只能靠向外喷射水柱推动自己快速前进以摆脱危险。

箭石目下包括了圆柱箭石、前箭石、箭乌贼等不同的科。其中圆柱箭石是箭石家族中体形最大的一科，其长度能达到 25 厘米。它生活在侏罗纪中晚期的近海深处，分布在现在的欧洲和北美洲等地，其锥体由后往前逐渐削尖。

前箭石数量很多，生活在白垩纪中期温暖的近海，以捕捉小猎物为食，在世界各地都能发现它的化石。这种小箭石的护甲细长呈纺锤状，并以半透明琥珀色石灰保存下来。

种子蕨

界：植物界

门：未有定论

纲：种子蕨纲

种子蕨是在石炭纪时期演化的重要植物群体。它们有蕨类般的树叶，但是与真正的蕨类不同。因为种子蕨是带有种子的植物，或称裸子植物。这代表它们不像真正的蕨类需要水来繁殖，是蕨类植物和裸子植物之间的过度类型。种子蕨在三叠纪和侏罗纪时期相当普遍，但在白垩纪初期灭绝。

种子蕨类的植物体一般不大，大多数是倚生或攀援的藤本型。也有一部分呈直立的树蕨状，不分枝，高可达 10 米，或为直立粗壮的小乔木。

绝大多数种子蕨植物具真蕨植物一样的大型蕨叶（多为羽状复叶）及脉序，不同的是在生殖

种子蕨叶子复原图

蕨型叶上长有种子和花粉囊，蕨叶的主叶柄常二歧分叉，叶子表面的角质层厚。

茎和根的解剖结构既具真蕨纲性状又具裸子植物性状，原生中柱，真式中柱或多体中柱。有髓的茎中髓常较大，皮部粗厚而次生维管组织较薄，次生木质部疏木型，它们与苏铁纲的解剖结构最相似，在未曾发现种子前，曾名之为

苏铁羊齿或苏铁蕨。少数类别次生木质部密木型。

花粉囊和胚珠的形式多样。胚珠具离生珠被。胚珠的结构与苏铁纲的种子相似，本纲至今仅发现两例种子中具胚而绝大多数是保存具颈卵器之雌配子体，因此，所谓种子实际上大都是未受精的胚珠。

对种子蕨类的分类有不同意见，可作为一个纲属于裸子植物门，亦可独立为一个门。

种子蕨纲包括 9 个目：

1. 皱羊齿目，出现于石炭纪；

2. 髓木目，出现于石炭——二叠纪；

3. 美籽目，出现于晚石炭世；

4. 芦荟羊齿目或美籽目，出现于晚泥盆世至早石炭世；

5. 开通目，出现于三叠纪至白垩纪；

6. 兜状种子目，三叠纪；

7. 盾形种子目，三叠纪；

8. 舌羊齿目，出现于二叠纪至三叠纪；

9. 大羽羊齿目，出现于二叠纪至早三叠世早期。

古代种子蕨植物除少数发现"种子"（胚珠）外，大多数的蕨型叶按照小羽片（小叶）的形状、脉序及叶轴的分枝形式，在各种形态属名下记载，如楔羊齿、脉羊齿、座延羊齿、齿羊齿、畸羊齿、大羽羊齿等。虽然有些形态属如楔羊齿在种子蕨类和真蕨类中都有这种叶型，但归入此形态属名下的种则是客观存在的，它们在地史时期的分布中有一定规律，可用于划分、对比地层确定其时代。

知识点

藤本植物

藤本植物，植物体细长，不能直立，只能依附别地植物或支持物，缠绕或攀援向上生长的植物。

藤本依茎质地的不同，又可分为木质藤本（如葡萄、紫藤等）与草质藤本（如牵牛花、长豇豆等）。

▶ 延伸阅读

最后灭绝的恐龙

作为一个大的动物家族，恐龙统治了世界长达1亿多年。但是，就恐龙家族内部而言，各种不同的种类并不全都是同生同息，有些种类只出现在三叠纪，有些种类只生存在侏罗纪，而有些种类则仅仅出现在白垩纪。

对于某些"长命"的类群来说，也只能是跨过时代的界限，没有一种恐龙能够从2.05亿年前的三叠纪晚期一直生活到6500万年前的白垩纪之末。

也就是说，在恐龙家族的历史上，它们本身也经历了不断演化发展的过程。有些恐龙先出现，有些恐龙后出现；同样，有些恐龙先灭绝，也有些恐龙后灭绝。

那么，最后灭绝的恐龙是哪些呢？显然，那些一直生活到了6500万年前大灭绝前的"最后一刻"的恐龙就是最后灭绝的恐龙。它们包括了许多种。其中，素食的恐龙有三角龙、肿头龙、爱德蒙托龙等等；而肉食恐龙则有霸王龙和锯齿龙等。

恐龙大灭绝的原因猜测

陨石碰撞说

距今6500万年前，一颗巨大的陨石曾撞击地球，使得君临地球长达一亿数千万年的恐龙绝种。

造山运动说

在白垩纪末期发生的造山运动使得沼泽干涸，许多以沼泽为家的恐龙就无法再生活下去。因为气候变化，植物也改变了，食草性的恐龙不能适应新的食物而相继灭绝。草食性恐龙灭绝，肉食性恐龙也失去了食物，结果也灭绝了。

海洋潮退说

海洋潮退，陆地接壤时生物彼此相接触，因而造成某种类的生物绝种。例如袋鼠，袋鼠能在澳洲这种岛屿大陆上生存，但在南美大陆上遇见其他种类动物就宣告灭亡。

温血动物说

有些人认为恐龙是温血性动物，因此可能禁不起白垩纪晚期的寒冷气候而导致无法存活。因为即使恐龙是温血性，体温仍然不高，可能和现生树獭的体温差不多，而要维持这样的体温，也只能生存在热带气候区。同时恐龙的呼吸器官并不完善，不能充分补给氧，而它们又没有厚毛避免体温丧失，却容易从其长尾和长脚上丧失大量热量。

温血动物和冷血动物不一样的地方，就是如果体温降到一定的范围之下，就要消耗体能以提高体温，身体也就很快地变得虚弱。它们过于庞大的身驱，不能进入洞中避寒，所以如长寒冷的日子持续几天，可能就会因为耗尽体力而遭到冻死的命运。

自相残杀说

有人认为造成恐龙灭绝的真正原因是因为它们自相残杀的结果——肉食性恐龙以草食恐龙为食，肉食恐龙增加，草食恐龙自然越来越少，最后终于消失，肉食恐龙因无肉可食，就自相残杀，最后终于同归于尽。

压迫学说

恐龙的数目急增，在植物有限的情况下，造成了草食性恐龙的灭绝，接着靠食用草食性恐龙为生的肉食性恐龙也因为食物的不足而跟着死亡。

生物碱学说

这种学说认为恐龙所生存的最后时期，亦即白垩纪，开始出现显花植物，其中某些种类含有有毒的生物碱，恐龙因大量摄食，引起中毒而死亡。因为，哺乳类能够凭借味觉和嗅觉来分辨有毒的植物，但是恐龙却没有这种能力。

小行星撞地球说

一颗不期而至的小行星猛烈地撞到地球上，相当于几万个原子弹威力的爆炸在顷刻间发生。黑云遮天蔽日，白天也没有了阳光。

这种恐怖的状况持续了一两年。植物的光合作用中断了，因而大量枯萎、死亡。吃植物的素食恐龙因此相继死去。以后，吃肉的恐龙也由于失去了食物而灭绝了。

大规模海底火山爆发

白垩纪末期，地球上在海洋底下发生了一系列大规模的火山爆发，影响了海水的热平衡，并进而引起了陆地气候的变化，因此影响了需要大量食物维生的恐龙等动物的生存。其理由是，现代海底火山爆发对海洋和大气产生的影响是众所周知的，只是其影响程度比起 6500 万年前发生的海底火山爆发的程度小多了。

繁殖受挫

目前已经在世界上许多地方陆续发现了古老爬行类的蛋化石，尤其是恐龙的蛋化石。按照形态结构，可以把恐龙蛋分为短圆蛋、椭圆蛋和长形蛋等种类。恐龙蛋的大小变化范围很大，蛋壳厚度及其内外部"纹饰"、蛋壳结构及其壳层中的锥状层和柱状层比例变化范围都存在不同的差异。为了深入开展恐龙蛋内部特征的研究，科学家已经采用了很新的技术和多种方法，如扫描电子显微镜、偏光显微镜、CT 扫描仪等等。

对这些恐龙蛋的深入研究使研究者相信，恐龙的灭绝与它们的繁殖受挫有关。而繁殖受挫的表现就是大量的恐龙蛋的孵化出现了问题。

恐龙蛋化石

气候骤变论

根据深海地质钻探得到的资料，一些科学家认为在 6500 万年前的地球上的气候发生了异常的变化，温度忽然升高。这种变化使恐龙等散热能力较弱的变温动物无法很好地适应环境，引起其身体中的内分泌系统紊乱，尤其是造成雄性个体的生殖系统严重损坏。结果，恐龙无法繁殖后代，从而走向了最终的绝灭。

还有一种理论，虽然同样是认为气候骤变引起恐龙灭绝，但是推测的过程却不一样。这一派学者认为，在距今大约 7000 万年前，北冰洋与其他大洋之间被陆地完全隔开，并在最后的日子里那咸咸的海水因各种因素的作用渐渐地变成了淡水。

到了距今 6500 万年前，分隔北冰洋与其他大洋的"堤岸"突然发生了决口。大量因淡化而变轻的北冰洋的水流入其他大洋。由于北冰洋的水温度很低，这些"外溢"的冷水形成了一层冷流，使得地球大洋的海水温度迅速地下降了大约 20℃。海洋温度的下降又严重影响了大陆气候，使大陆上空的空气变冷。同时，空气中的水蒸气含量也迅速减少，引起了陆地上普遍的干旱。陆地上的这些气候变化产生的综合结果就是，恐龙灭绝了。

气候骤变造成恐龙灭绝的一条可能的途径是严重影响恐龙的卵。一些科学家发现，在恐龙灭绝之前的白垩纪末期，恐龙蛋的蛋壳有变薄的趋势，说明在恐龙大灭绝之前有气候急剧变化造成的结果。

大气成分变化论

有证据表明，恐龙生活的中生代二氧化碳的浓度很高，而其后的新生代二氧化碳的浓度却较低。这种大气成分的变化是否与恐龙灭绝有关呢？

恐龙生活的中生代，大气中的二氧化碳的含量较高，说明恐龙很适应于高二氧化碳浓度的大气环境。也许只有在那种大气环境中，它们才能很好地生活。当时，尽管哺乳动物也已经出现，但是他们始终没有得到大发展，也许这正是由于大气成分以及其他环境对它们并不十分有利，因此它们在中生代一直处于弱小的地位，发展缓慢。

随着时间的推移，到了白垩纪之末，大气环境发生了巨大的变化，二氧化碳的含量降低，氧气的含量增加，这种对恐龙不利的环境可能体现在两个方面：

1. 恐龙的身体发生了不适，在新的环境下，很容易得病，而且疾病会像瘟疫一样蔓延。

2. 新的大气环境更适于哺乳动物的生存，哺乳动物成为更先进、适应性更强的竞争者。

在这两种因素的作用下，恐龙最终灭绝了。而那些孑遗的爬行动物则是既能适应旧环境，又能适应新环境的爬行动物物种。

免疫缺陷

有些科学家推测，在白垩纪末期，由于某种原因（可能是灾变）造成了地球上忽然演化出了多种可突破一般动物防御系统的新型病原生物，造成了疾病大流行，恐龙等大量免疫系统有缺陷的动物因无法抵御而灭绝了。结果，冷血动物中只有一些天然防御系统强化的种类得以度过了劫难，而温血的鸟类和哺乳类则因为拥有了完善而高效的免疫系统就更容易避免噩运，并借此在后来的新生代里脱颖而出，成为了地球上新的主导动物。

彗星撞击论

这个关于恐龙灭绝原因的假说认为，造成白垩纪末期大劫难的凶手不是小行星而是彗星。一些科学家认为，太阳有一个围绕着它旋转的伴星，每隔2600万年到3000万年，这颗伴星就会转到离某些大型的彗星很近的位置。

这些巨大的彗星受到这个伴星引力的干扰就很可能在太阳系内产生几万次的彗星风暴，其中的一些彗星风暴袭击了地球。因此，地球每隔2600万年到3000万年就会遭到一次洗劫，地球上的生物也就每隔2600万年到3000万年的时间发生一次大的灭绝事件，恐龙的灭绝不过是这种周期性的灭绝中的一次而已。

知识点

彗 星

彗星，中文俗称"扫把星"，是太阳系中小天体之一类。由冰冻物质和尘埃组成。当它靠近太阳时即为可见。太阳的热使彗星物质蒸发，在冰核周围形成朦胧的彗发和一条稀薄物质流构成的彗尾。由于太阳风的压力，彗尾总是指向背离太阳的方向。

➡ 延伸阅读

恐龙产蛋的方式

恐龙产蛋与乌龟产蛋有一些相似。乌龟到了繁殖季节，往往成群地到一个有利的沙滩筑窝产蛋。产完蛋后，扒一些沙子把蛋埋起来，借助太阳光提供的热自然孵化。

根据恐龙蛋化石埋藏比较集中，蛋化石一窝一窝产出，以及蛋化石的埋藏地一般都位于古湖盆的边缘，可以推测，到了繁殖季节，恐龙也有群聚产蛋的习惯。

产蛋地点为植物生长繁茂的湖沼岸上，它们对湖沼岸的质地似乎没有严格的选择。

不同恐龙，产蛋方式不同，蛋在窝内排列的方式也不同。

例如，产长形蛋的恐龙，在产蛋前，先在选择好的地点用泥沙堆出一个略为上隆的堆，然后把蛋产在四周，所有的蛋都是两两一起，呈辐射状排列，产完一层蛋后埋上一些泥沙再产蛋，形成数十蛋组成的一窝，最后扒一些泥沙盖上。

而产圆形蛋的恐龙，产蛋前先在选择好的地点挖出一些蛋窝，然后把蛋产在窝内，产完蛋后扒一些泥沙掩埋上。此种方式产下的蛋，在窝内的排列无一定规律或两个靠得比较近一些。

此外，还可能有其他方式。至于雌性恐龙产蛋后是否要在一旁保护它产的蛋，或者像母鸡那样坐窝孵蛋，目前尚无定论。

新生代的物种灭绝

新生代是地球历史上最新的一个地质时代。随着恐龙的灭绝，中生代结束，新生代开始。新生代被分为三个纪：古近纪、新近纪和第四纪。总共包括七个世：古新世、始新世、渐新世、中新世、上新世、更新世和全新世。这一时期形成的地层称新生界。新生代以哺乳动物和被子植物的高度繁盛为特征，由于生物界逐渐呈现了现代的面貌，故名新生代，即现代生物的时代。

在新生代，人类开始成为地球的主导者。人类虽然源于动物界，人类极大地创造了财富、改变了生活，同时也改变着地球的环境，许多物种的灭绝与人类的活动密不可分。

新生代简介

早在太古代晚期，从地球上出现一些岛屿状的大陆开始，经过几亿年乃至十几亿年的时间，大陆不断扩大，分散的大陆不断拼合联接，到了古生代末期，形成了只有一个大陆（泛大陆或称联合大陆）和一个大洋（泛大洋）的局面。到了中生代开始，这个泛大陆又向着相反的方向分裂和解体。

　　在三叠纪晚期，南半球的冈瓦纳大陆上首先出现裂痕，也就是最初的印度洋开始产生海底裂痕。具体表现在非洲与南极洲之间、印度（当时位于南半球，是冈瓦纳大陆的组成部分）与非洲之间、印度与南极洲之间开始分裂；同时，北美洲与欧洲之间也出现裂痕，即北大西洋出现，大西洋洋底也开始扩张了。

　　到了侏罗纪，大西洋与印度洋的海底扩张进一步发展，同时，古地中海向西明显裂开。南极洲与澳大利亚虽然仍连接一起，但这块大陆与南美洲、非洲、印度完全分离，而新西兰位于南极洲之南，接近南极的极点。古中国大陆及日本山脉原相偎在一起，自三叠纪晚期从泛大陆上出现裂痕以后，此时漂到南纬的赤道附近。古印度大陆也向北漂移，使印度洋的面积比先前扩大了。

　　到了白垩纪，大陆分裂进一步扩展，各大洋继续增大，南半球表现得最为明显，目前所见的海陆配置面貌亦已基本奠定。大西洋更为明显，南美洲与非洲已完全脱离，非洲与欧亚古陆之间仅在伊比利亚半岛有所连接。古地中海（特提斯海）成为比较宽阔的东西向延伸的长条海槽，其东端直达现今的西藏南部、云南西部，并向南延伸到印支半岛以至印度尼西亚一带。

　　格陵兰尚未形成四周环海的岛屿，而是连接着古北美与古欧亚两个大陆。古南极洲与古澳大利亚仍未分开，连成一个长方形的大岛。印巴古陆已向北漂移较多，接近赤道，全岛都在南半球位置上。古中国大陆包括亚洲东部诸岛屿，也向北漂移，大约将近一半的地域已超过赤道，进入北半球的低纬度地区。印度洋的面积与大西洋一样，都大大地扩展了。

　　到了新生代之后，全球的海陆分布对比起中生代，又有了不同，与现在的世界地图相比较，也有一些差异。先看北美洲，那时候从得克萨斯州往西，沿落基山有一条南北向的内海，把北美洲分隔成东西两半，其西部的北美洲经过白令海峡可与亚洲相连，而东部的一半则通过北极大陆与欧洲浑然一体。

　　欧亚大陆的地理形态也与今天不同，乌拉尔有一条南北向的海峡，其北端与北极海相通，南端则连向地中海，所以严格来说，所谓欧亚大陆当时并不存在，欧洲与亚洲之间的分界线正好是海峡分隔。亚洲南部从第三纪早期开始位移的变化是很大的，或者说，这就是板块漂移的结果，类似的情况也发生在非洲和阿拉伯半岛等地。

南北半球之间的古地中海原是十分开阔的大海，自中生代以来，逐步缩小。到晚第三纪初期，非洲大陆板块和阿拉伯板块向北漂移，与欧亚大陆板块在古地中海西部相遇。撞击的结果是出现阿特拉斯山和安达卢西亚山的褶皱隆起，致使古地中海西端几乎封闭，海域面积大为减小。

到了早第三纪后期，南半球的板块进一步北移，使阿尔卑斯山变形，这次造山运动向东一直延伸到中东、近东各地，并持续到晚第三纪初期，导致古地中海的中段也变成封闭，中东和近东地区就出现了新生的大陆。同时也出现了被陆地包围起来的内海——黑海。此时，古地中海的西段进一步封闭，地中海内的海水一度干涸。当时的欧洲和非洲之间，没有水域分隔。

到了晚第三纪后期，阿尔卑斯山继续升高，而大西洋与地中海之间，发生大规模的断裂活动，于是打开了地中海西端的通道，大西洋海水沿着通道重返回地中海，一直持续到今天。

正当非洲板块向北漂移的时候，大陆的东部出现了巨大的裂谷，即产生了世界著名的东非大裂谷。

再看古地中海东段延伸的喜马拉雅山地区，这里与中国大陆的面貌最为密切。印度板块自从中生代时冈瓦纳大陆解体分离出来以后，继续向北漂移。到早第三纪时，越过赤道，到达北回归线附近，其北缘开始向亚洲大陆板块之下俯冲，到始新世末期，两者终于相撞，致

喜马拉雅山

使古地中海东端的喜马拉雅海槽消失，两个板块发生挤压，出现了一系列褶皱山系，喜马拉雅山就这样形成了。起初，山势并不高，但由于俯冲作用继续进行，亚洲大陆南缘也就继续抬升翘起，逐渐使山体升高。

在板块漂移、碰撞过程中，板块内部也出现断裂活动，例如在印度中、西部，在早第三纪时有广泛的火山活动，著名的"德干暗色岩"就是此时的喷溢熔岩。研究者认为这些火山活动与断裂构造，可能是由于印度板块与非洲以东的塞舌尔群岛之间的分离有关。

新生代时期，在环太平洋之滨也出现了许多新生的山系。澳大利亚在新生代的时期比较平静，没有影响大的地壳运动。在南极洲大陆上，第三纪时期出现火山喷发。南极大陆在新生代早期仍处于低纬度地区，随着板块的逐步向南漂移，到新生代晚期才漂到现在的位置。由于环太平洋及古地中海都是板块相撞的地带，又是地壳上深断裂的俯冲所在，所以也是现代地震的集中地带。

由于海陆配置的巨大变化，必然影响到自然环境的改变。在研究新生代的气候变化时，必须注意两方面的特点：一是在解释高纬度的气候带时，必须联系到大陆板块漂移的结果；二是当全球大规模的冰川出现时，对新生代后期的气候环境发生的严重影响。

第三纪时期，暖热的气候似乎遍及全球，甚至南极和北极在早第三纪时曾都是热带气候。进入晚第三纪，特别是到上新世以后，全球气候转凉的现象比较明显。

第四纪时期，出现冰期与间冰期气候的交替，对环境影响很大。就以早更新世时期为例，其气温可能比前期下降5℃～10℃，所以在我国西部高山地区出现冰川。但到间冰期时，气温又明显转暖。

进入全新世，气温一度较高，可能高出现在6℃。竺可桢提出中国最近5000年来的气候变化：仰韶文化期，华北平原盛长竹林，年平均气温高于现在2℃；距今3000年前，出现第一次寒冷期；距今2000年前，出现第二次寒冷期，以后有一个明显的暖期，当时气温高出现在2℃～3℃；到14世纪～19世纪中叶，其中在公元1700年时出现历史时期的最低温；到19世纪中叶，气温又转暖；上世纪 50 年代以来，西部气候有转凉的趋势。

知识点

仰韶文化

仰韶文化是黄河中游地区重要的新石器时代文化，于 1921 年在河南省三门峡市渑池县仰韶村被发现。

仰韶文化的持续时间大约在公元前 5000~3000 年，分布在整个黄河中游从今天的甘肃省到河南省之间。

当前在中国已发现上千处仰韶文化的遗址，其中以陕西省为最多，共计 2040 处，占全国的仰韶文化遗址数量的 40%，是仰韶文化的中心。

延伸阅读

当前世界板块划分

勒皮雄在 1968 年将全球地壳划分为六大板块：太平洋板块、亚欧板块、非洲板块、美洲板块、印度洋板块（包括澳洲）和南极板块。其中除太平洋板块几乎全为海洋外，其余五个板块既包括大陆又包括海洋。细分全球有八个主要板块：

欧亚板块：北大西洋东半部、欧洲及亚洲（印度除外）。

非洲板块：非洲、南大西洋东半部及印度洋西侧。

印澳板块：印度、澳洲、新西兰及大部分的印度洋。

太平洋板块：大部分的太平洋（包含美国南加州海岸地区）。

纳斯卡板块：紧临南美洲的太平洋东侧。

北美板块：北美洲、北大西洋西半部及格陵兰。

南美板块：南美洲与南大西洋西半部。

南极板块：南极洲与南大洋。

此外还有至少 20 个小板块，如阿拉伯板块、科克斯板块及菲律宾海板块等。

新生代的物种进化

新生代从老到新进一步分为：古近纪、新近纪和第四纪。

新生代为哺乳动物和被子植物的时代。

新生代之初是哺乳动物发展的转折时期，爬行动物的大量灭绝留下了大片空间，地球上被子植物的繁盛，植物多样性的增加，都为哺乳动物的迅速兴起提供了良好的前提条件，哺乳动物的发展达到了空前的高峰，新生代分化出的有胎盘类就有 28 个目，2648 个属，迅速辐射并占领了海、陆、空三大领域，填补了恐龙留下的各个生态位置，有人称是一次"进化性爆发"。

新生代之初，哺乳动物开始了一定的分化，但无论是善于奔跑的马，还是行动迟缓的犀牛，无论是长鼻子的象，还是头上长角的鹿，在体形、骨骼、牙齿及生态等方面的差别并不大，总的说来个体较小，以吃嫩叶为生。

然而，到新生代中期，哺乳动物各属种大量增加，不同种属动物的差别明显增大，其中又以食草类哺乳动物分化最为明显。

例如，同是为了采集高处的枝叶，却分异出了多种截然不同的动物。一是巨犀，它们身躯高大，可以轻而易举地吃到树梢的嫩叶；二是长颈鹿，它们增长了颈部，成为哺乳动物中的高个子；三是象类，它们发展了长鼻，加大了颊齿，为了支撑长鼻和大牙，又不得不加大头骨，缩短颈部，使早期体大如猪的始祖象，特化成哺乳动物的庞然大物，真所谓异曲同工。

虽然巨犀、大象和长颈鹿特化的目的相同，但身体的结构差异极大。从生理的角度，增长鼻子比增大身躯或增长颈部效率更高。因为身体太大、颈部过长，负担加大，耗能增加，灵活性降低；而长鼻全为软组织构成，十分轻巧，能灵活转动，随便弯曲，用它来采集、吸水、搬运和捡拾都十分方便。

随着新生代特别是晚新生代以来环境的变化（包括气候变化、构造运动以及地理格局的改变），更加快了哺乳动物的分化和进化速度，使各种动物在激烈的生存竞争中寻找着各自的位置。

长颈鹿

第四纪地球进入冰期，气候寒冷并反复剧烈波动，许多哺乳动物的进化速度难以与之同步。动物越特化，体格越大，对环境的依赖性越强，其潜伏的危机也越大。当气候急剧变化时，一些哺乳动物为了生存，只得随气候带的迁移而迁移。然而，迁移的动物，不可避免地要侵入其他动物群的"领地"，发生更激烈的生存竞争，导致竞争中处于劣势的动物群走向衰亡或灭绝。

例如，濒临灭绝的大熊猫习性非常特化，以竹子为生，繁殖能力很低，但地质历史上，大熊猫曾遍布华南大地，据推测，当气候变冷时，南移的动物侵占了大熊猫的"领地"，迫使大熊猫退居到较高海拔深山峡谷中委曲求全，生殖力退化（因为食物来源少了，强大的生殖力将非常不利于物种的延续），并且减少活动，从而降低能量的消耗（竹子的能量很低）。

然而，有些物种却在与环境竞争中得到进化，人类的诞生就是如此。当地球气候干燥时，树木减少，草地增加，形成稀树草原，树上的古猿不得不下地活动，并改变四足行走的习性，尝试高效的两足行走，从而进化成南方古猿，并最终进化成人。

人类进化经历了"古猿、猿人、尼人（早期智人）、克人（晚期智人）"等四个阶段。人类发展过程中的每一次发明，都促进人类向更高级迈进。劳动使人学会制造工具，而工具的使用又反过来促进人类从事更高级的劳动和进化，如此反复，进化速度越来越快。从能人（早期猿人）到现代人的时间甚至短于直立古猿学会制造第一块石器的时间。狩猎的出现、火的使用、语言的发展、心智的形成，人类进化加速，周期缩短。从旧石器时代到新石器时代（狩猎到畜牧），从铜器时代到铁器时代（农业到工业），从工业革命到现代信息社会（蒸汽机到计算机），人类历史发展速度之快，使许多学者不得不用"爆炸"二字去形容。

被子植物又名绿色开花植物，在分类学上常被称为被子植物门，是植物界最高级的一类，是地球上最完善、适应能力最强、出现得最晚的植物，自新生代以来，它们在地球上占着绝对优势。现知被子植物共 1 万多属，约 20 多万种，占植物界的一半，

关于被子植物起源的时间，最好的花粉粒和叶化石证据表明，被子植物出现于 1.35 亿 ~1.2 亿年前的早白垩纪。在较古老的白垩纪沉积中，被子植物化石记录的数量与蕨类和裸子植物的化石相比还较少，直到距今 9000 万 ~8000 万年前的白垩纪末期，被子植物才在地球上的大部分地区占了统治地位。

至于被子植物起源的地点，目前普遍认为被子植物的起源和早期的分化很可能在白垩纪的赤道带或靠近赤道带的某些地区，其根据是现存的和化石的木兰类在亚洲东南部和太平洋南部占优势，在低纬度热带地区白垩纪地层中发现有最古老的被子植物三沟花粉。

相对裸子植物而言，被子植物具有以下显著特征。

1. 具有真正的花

典型的被子植物的花由花尊、花冠、雄蕊群、雌蕊群 4 部分组成，各个部分称为花部。

被子植物花的各部在数量上、形态上有极其多样的变化，这些变化是在进化过程中，适应于虫媒、风媒、鸟媒或水媒传粉的条件，被自然界选择，得到保留并不断加强造成的。

2. 具雌蕊

雌蕊由心皮所组成，包括子房、花柱和柱头 3 部分。胚珠包藏在子房内，得到子房的保护，避免了昆虫的咬噬和水分的丧失。子房在受精后发育成为果实。果实具有不同的色、香、味，多种开裂方式；果皮上常具有各种钩、刺、翅、毛。果实的所有这些特点，对于保护种子成熟，帮助种子散布起着重要作用，它们的进化意义也是不言而喻的。

被子植物的花

3. 具有双受精现象

双受精现象，即两个精细胞进入胚囊以后，1 个与卵细胞结合形成合子，另 1 个与 2 个极核结合，形成 3n 染色体，发育为胚乳，幼胚以 3n 染色体的胚乳为营养，使新植物体内矛盾增大，因而具有更强的生活力。所有被子植物都有双受精现象，这也是它们有共同祖先的一个证据。

4. 孢子体高度发达

被子植物的孢子体，在形态、结构、生活型等方面，比其他各类植物更完善化、多样化，有世界上最高大的乔木，也有微细如沙粒的小草本，有重达 25 千克仅含 1 颗种子的果实，也有轻如尘埃，5 万颗种子仅重 0.1 克的植物；有寿命长达 6000 年的植物，也有在 3 周内开花结籽完成生命周期的植物；有水生、砂生、石生和盐碱地生的植物；有自养的植物也有腐生、寄生的植物。在解剖构造上，被子植物的次生木质部有导管，韧皮部有伴胞；而裸子植物中一般均为管胞（只有麻黄和买麻藤类例外），韧皮部无伴胞，输导组织的完善使体内物质运输畅通，适应性得到加强。

5. 配子体进一步退化

被子植物的小孢子（单核花粉粒）发育为雄配子体，大部分成熟的雄配子体仅具2个细胞（2核花粉粒），其中1个为营养细胞，1个为生殖细胞，少数植物在传粉前生殖细胞就分裂1次，产生2个精子，所以这类植物的雄配子体为3核的花粉粒，如石竹亚纲的植物和油菜、玉米、大麦、小麦等。

被子植物的大孢子发育为成熟的雌配子体称为胚囊，通常胚囊只有8个细胞：3个反足细胞、2个极核、2个助细胞、1个卵。反足细胞是原叶体营养部分的残余。有的植物（如竹类）反足细胞可多达300余个，有的（如苹果、梨）在胚囊成熟时，反足细胞消失。助细胞和卵合称卵器，是颈卵器的残余。

由此可见，被子植物的雌、雄配子体均无独立生活能力，终生寄生在孢子体上，结构上比裸子植物更简化。

配子体的简化在生物学上具有进化的意义。

被子植物的上述特征，使它具备了在生存竞争中，优越于其他各类植物的内部条件。被子植物的产生，使地球上第一次出现色彩鲜艳、类型繁多、花果丰茂的景象，随着被子植物花的形态的发展，果实和种子中高能量产物的贮存，使得直接或间接地依赖植物为生的动物界（尤其是昆虫、鸟类和哺乳类），获得了相应的发展，迅速地繁盛起来。

知识点

染色体

染色体是细胞核中载有遗传信息（基因）的物质，在显微镜下呈丝状或棒状，由核酸和蛋白质组成，在细胞发生有丝分裂时期容易被碱性染料着色，因此而得名。在无性繁殖物种中，生物体内所有细胞的染色体数目都一样。而在有性繁殖物种中，生物体的体细胞染色体成对分布，称为二倍体。

延伸阅读

中国第四纪冰川的争论

中国第四纪冰川的研究，始于著名地质学家李四光。

李四光在1921年即已在山西大同及河北太行山东麓发现了冰川漂砾，识别出冰川流动形成的擦痕。20世纪30年代，他又在江西庐山发现冰川沉积物，在鄱阳湖边发现具冰川擦痕的羊背石；并在安徽黄山发现U形谷削壁上的擦痕，在该山后海发现具擦痕的漂砾。

在这些重要发现后，李四光先后发表了《扬子江流域之第四纪冰期》和《安徽黄山之第四纪冰川现象》等论文，以后又出版了专著《冰期之庐山》。他提出庐山冰川可分为3个冰期，最老的为"鄱阳冰期"，发生在早更新世，规模最大，鄱阳湖畔的绿色泥砾是重要证据。之后是"大姑冰期"，属中更新世早期，以大姑山一带赭色泥砾为代表。较新的是"庐山冰期"，属中更新世晚期，以庐山的橙色泥砾为代表，规模已大大缩小。建国以后，有学者又提出比"庐山冰期"更晚的"大理冰期"，属晚更新世，以云南大理苍山的冰碛物为代表。这样一来，第四纪就有了以上四大冰期，这四个冰期正好与20世纪初德国的彭克、布吕克纳根据阿尔卑斯山区第四纪冰川沉积物研究所提出的四大经典冰期一一对应。

李四光关于中国东部第四纪冰期的学说，早期就有合作者和支持者，这其中既有李捷等一批中国地质学家，也有外国的地质同行，如奥地利的费斯孟、苏联的纳里夫金以及美国的葛勒等，中国有没有第四纪冰川受到国际地学界的关注。

中国现代冰川研究的开拓者施雅风等在20世纪80年代初对中国东部中低

山区第四纪冰川的存在提出过质疑。他们认为，庐山地区所谓的"冰斗"，不具备冰槛和冰斗底盘地形，而是山坡块体运动和流水侵蚀共同作用的结果；"U形谷"则是流水作用于向斜谷或由软弱地层控制而形成的宽谷；"泥砾"等乃是重力堆积、融冰泥流和古泥石流的堆积。他们进一步得出结论，中国东部中低山区（海拔低于3000米）第四纪时气温、雪线及冰川积累区面积比率（AAR）等指标都不具备发育冰川的条件。第四纪我国东部到底有没有冰川就成了悬案。目前，这场学术争论仍在继续。

新生代灭绝的哺乳动物

龙王鲸

界：动物界
门：脊索动物门
纲：哺乳纲
目：鲸目
亚目：古鲸亚目
科：龙王鲸科
属：龙王鲸属

龙王鲸，又名械齿鲸，已经绝种的古代海洋哺乳动物，现代鲸鱼的近亲，是鲸目中的一个属，生存于3900万~3400万年前的始新世晚期。

龙王鲸骨骼化石

在19世纪早期的路易斯安纳州与阿拉巴马州，龙王鲸的化石是相当常见的，因此它们经常被当成家具的原料。后来一具龙王鲸的脊椎骨被一位鉴赏家送到了美国哲学会，因为他担心化石被当地人破坏。这具化石最后流入了解剖学家理查德·哈伦博士的手中，他宣称这是一具爬虫类化石。而当英国的解剖学家理查德·欧文研究了脊椎骨、颚部的碎片、前肢与后来发现的肋骨化石后，他宣布这是一种哺乳类生物。

1845年，亚伯特·寇区得知在阿拉巴马州发现的巨大骨头，后来被拼成了一具完整的骨骼的故事。他后来拼凑出一具长34.7米的"大海蛇"骨骼，并且在纽约和欧洲公开展览。这具所谓的"大海蛇"骨骼最后被发现其实是5具不同个体的骨骼所组成的，其中有一些并不是龙王鲸，这些骨骼最后毁于1871年的芝加哥大火。

从埃及的鲸鱼谷所发现的化石中，鉴定出龙王鲸的另一个种，称为伊西斯龙王鲸。这些化石保存相当良好，包括了后肢在内，而且是为数众多。古生物学家菲利浦·金格里奇在这个山谷组织了几次挖掘，而且推断埃及人对于印度鳄的信仰可能是因为这些埋藏在此的巨大化石。巴基斯坦则发现另外一个种。

龙王鲸最显眼的特征是身体非常细长，因为它们有前所未有的细长的脊椎骨，所以被描绘成最细长的鲸。

在与其他海洋哺乳类相比之下，龙王鲸被认为有不寻常的运动方式。大小相同的胸部、腰部、荐部与尾部脊椎骨意味着龙王鲸是以类似鳗鱼般的方式来活动的。

古生物学家菲利浦·金格里奇认为，龙王鲸在一些情况下可能也会以水平的似鳗鱼般的方式来移动。

尾部的骨骼显示龙王鲸很可能拥有小型的尾鳍，不过可能只对垂直移动有帮助。大部分的复原图显示龙王鲸拥有一个小的，推测类似须鲸的背鳍，而其他的复原图则显示龙王鲸只有一个背部隆起。

龙王鲸的身体结构中最著名的可能是0.6米长的后肢，毫无疑问的它无法帮助移动。这个退化的后肢可能只是用来固定两只位置相异的龙王鲸。后肢类似蛇类用来引导交配的退化后肢，所以龙王鲸可能也是如此。

龙王鲸的头部没有类似现代齿鲸的额隆，脑部也是比较小的。龙王鲸被认为没有现代鲸鱼的生活能力，上述特征可能导致这个结果。

龙王鲸曾经被认为拥有一些柔软的壳，不过似乎是将海龟壳误认的结果。有一些神秘动物学家相信龙王鲸仍然存活着，它们就是被人目击到的大海蛇，然而龙王鲸的化石显示它们在 3700 万年前就已经灭绝，没有任何证据支持这个说法。

阿特拉斯棕熊

界：动物界

门：脊索动物门

纲：哺乳纲

目：食肉目

科：熊科

属：熊属

种：棕熊

亚种：阿特拉斯棕熊

棕熊因产地、大小、毛色等差异，分为不同的亚种，有不同的名称。阿特拉斯棕熊就是因分布于横跨摩洛哥及阿尔及利亚北部的阿特拉斯山脉而命名，它是唯一生活在非洲的熊类。

棕熊是世界上最大的熊（其中最大的阿拉斯加棕熊可达 800 千克）。阿特拉斯棕熊却很小，只有 100 多千克重，比棕熊中最小的叙利亚棕熊（不足 90 千克）稍大些。

阿特拉斯棕熊可以说胃口极好，荤的素的它都爱吃；植物、昆虫、鱼类甚至鹿、羊、牛都是它的美味佳肴，有时见了腐肉、鸟和鸟蛋也不肯轻易放过。

通常，阿特拉斯棕熊不会主动攻击人，但是带着仔熊的母熊或是受伤的熊会变得异常凶猛。它在每年的 6 月份交配，雌雄在一起只相处 3 个星期即分手。小熊刚出生时未睁眼，无毛、无牙齿，体重不足 450 克。幼熊要在母亲的照料下生活两年才能离开。

阿特拉斯因紧靠地中海，所以气候湿润、森林广袤，为棕熊和其他野生动物提供了良好的生存空间。几个世纪以来，它们一直安逸地生活着。可是由于阿特拉斯地区物产丰富，因此这里一直是欧洲列强的必争之地。特别是阿尔及利亚，早在 16 世纪即沦为奥斯曼帝国的一个省。

欧洲列强来到以后，不但欺压当地人民，还掠夺各种自然资源。野生动物当然也成了他们掠夺的对象。他们大量捕杀各种野生动物，把皮和肉运回欧洲市场出售。棕熊因肉质鲜美、皮毛用途广泛而遭到了毁灭性的捕杀，不管是成年的、未成年的，雄的、雌的，他们见到就杀。

到了 19 世纪中期，在阿尔及利亚境内的棕熊已所剩无几，而此时摩洛哥的棕熊则更为悲惨，已经全部消亡。阿尔及利亚仅剩下不多的棕熊并没能完全的逃脱厄运，最终同摩洛哥棕熊一样全部倒在了人类的枪口之下。

1870 年在阿尔及利亚的西迪比尔阿贝斯郊外，一只棕熊被杀，之后人类再也没有发现过阿特拉斯棕熊。别看熊又凶又笨，其实它和其他动物一样，有温顺的一面，有时还会"感情用事"，可是现在由于人类的捕杀，野生的熊越来越少了，人类仍在对它们痛下杀手：吃熊胆，取胆汁……

阿特拉斯棕熊于 1870 年灭绝。

红腹袋鼠

界：动物界

门：脊索动物门

纲：哺乳纲

亚纲：有袋亚纲

目：双门齿目

亚目：袋鼠亚目

科：袋鼠科

在澳大利亚的众多有袋类动物中，有一种红腹袋鼠。它的体色在腹部呈红褐色，背部呈深褐色或灰褐色。

和大多数其他种类的袋鼠一样，红腹袋鼠的身体非常壮实。它在袋鼠中属中等体型，雄性大于雌性。前胸和双臂的肌肉发达，体重超过 12 千克，包括尾长在内的体长为 1~1.2 米。

红腹袋鼠是夜行性动物，白天或是在稠密的草丛中，或是在热带雨林中睡觉和休息，夜晚才出来觅食。它们主要以嫩草为食，有时也吃苔藓植物，食量较大。

红腹袋鼠的孕期在 30 天左右。幼袋鼠在育儿袋中生活六个半月，哺乳期为 7～8 个月，14～15 个月后性成熟。

红腹袋鼠的寿命约 5～6 年。

从 19 世纪起，在澳大利亚本岛大陆，由于食物链中天敌的猎杀和栖息地的锐减，造成了红腹袋鼠数量的急剧衰减，直至灭亡。值得庆幸的是，在塔斯马尼亚的许多地区，红腹袋鼠依然存在。但是由于红腹袋鼠和家畜争食牧草，危害农业和林业，因此在当地，猎杀红腹袋鼠并不违法。

事实上，人们猎杀红腹袋鼠的根本目的是在于获取它们的皮毛和美味的肉食。人类眼前的经济利益和保护地球上的物种的战斗至今仍然在不明不白地打着，红腹袋鼠的明天并不乐观。红腹袋鼠在澳大利亚本岛的灭绝时间是 19 世纪。

新疆虎

界：动物界

门：脊索动物门

亚门：脊椎动物亚门

纲：哺乳纲

目：食肉目

科：猫科

亚科：豹亚科

属：豹属

种：虎

亚种：里海虎

新疆虎

新疆虎别称里海虎、西亚虎。新疆虎的个头仅次于西伯利亚虎，体长一般在 1.6～2.5 米，尾长约 0.8 米，重约 200～250 千克。主要分布在新疆中部，由库尔勒沿孔雀河至罗布泊一带。

据称，俄国探险家普尔热瓦尔斯基是第一个记述新疆虎的人。1876 年深秋，深入新疆考察的普尔热瓦尔斯基在塔里木盆地的阿克塔玛村住了 8 天，参加了猎虎队伍，亲眼见到受伤的老虎走回森林，他形容"那里的老虎就像伏尔加河的狼一样多"。

1900年3月28日，瑞典博物学家斯文赫定在我国西北新疆境内首先发现了消失了几个世纪的楼兰古迹，同时还发现了新疆虎。他的这一发现说明原来这里水草丰美、森林茂密，因为有虎的地方必定有大片的森林，有大量的食草动物和充足的水源。当时的新疆虎就是在这样良好的自然环境中无忧无虑地生活着。

可是自从中国古代商人开辟了"古丝绸之路"之后，楼兰由于地理位置优越，逐渐成为西亚地区重要的交通枢纽，同时也成为了商业、文化交流中心，人口随之猛增，并达到了鼎盛时期。由于人口的增多，急需大量自然资源，这样森林成片地被砍伐，草场被耕种，这致使河流断流，土地沙漠化严重，繁华的古楼兰同时也走向了衰败，最终被沙漠一夜之间吞噬了。古楼兰从此由一片绿洲变成了一望无际的茫茫大沙漠。

与古楼兰一样，新疆虎同时也遇到了空前的劫难，失去了森林，就等于失去了食物来源，失去了美丽的家园。大批新疆虎死去了，但仍有一小部分凭借着顽强的生命力在沙漠中仅有的绿洲里顽强地生活。

直到1900年，斯文赫定发现它们，这也是现代人第一次知道并认识了新疆虎。在这以后的十几年当中，由于这一地区环境又进一步恶化，加之一些利欲熏心的人对新疆虎的猎杀，所剩无几的新疆虎最终也没有逃脱厄运。

人类最后一次发现新疆虎是在1916年，在这以后的数十年间，科学工作者曾多次寻找过它们的踪迹，但始终也没发现过。可以说新疆虎主要是在人类破坏自然环境之后结束它们最终的生命历程的。一直到2001年10月，还有人称在塔里木河下游发现被推测为新疆虎留下的"踪迹"，但至今没有任何证据可以证明它的存在。

塔斯曼尼亚虎

界：动物界

门：脊索动物门

纲：哺乳纲

目：袋鼬目

科：袋狼科

属：袋狼属

种：袋狼

袋狼，因其身上斑纹似虎，又名塔斯曼尼亚虎，祖先可能广泛分布于新几内亚热带雨林、澳大利亚草原等地。是近代体型最大的食肉有袋类动物，和其他有袋动物一样，母体有育儿袋，产下不成熟的幼兽，在育儿袋中发育，为夜行性动物。

袋狼体型苗条，脸似狐狸，嘴巴可以张成 180 度，经常潜伏树上，突然跳到猎物背上，一口可以将猎物的颈咬断。

塔斯曼尼亚虎

袋狼曾广泛生活于澳大利亚和新几内亚，5000 年前，澳大利亚野犬随人类进入澳大利亚，与食性相同的袋狼发生争斗，袋狼随后从新几内亚和澳大利亚草原渐渐消失，仅在大洋洲的塔斯曼尼亚岛上还有生存。但自 1770 年英国探险家科克到澳大利亚探险以来，因为袋狼被怀疑袭击羊群，所以被牧民所痛恨，然而多数事件的元凶其实是澳大利亚野犬。牧民们把袋狼视为敌人，认为其为"杀羊魔"，并且在政府的奖赏制度鼓励下进行大肆屠杀，使其近乎绝迹。当政府欲停止袋狼绝种趋势时，情况已无法挽救。

1933 年有人捕获一只袋狼，命名为班哲明，饲养在赫芭特动物园，1936 年死亡，此后再没有活袋狼存在的消息。

巴厘虎

界：动物界

门：脊索动物门

纲：哺乳纲

目：食肉目

科：猫科

属：豹属

种：虎

亚种：巴厘虎

巴厘虎是现代虎中最小的一种，体重不到北方其他虎的1/3。它的体长约2.1米，重90千克以下，生活在印尼巴厘岛北部的热带雨林里。这里水源，食物充足，成了巴厘虎的天然保护区。

色彩斑斓的巴厘虎对印尼人来说是一种超自然的存在，甚至出现在传统的艺术假面具上。19世纪到20世纪初，虎在自己的生存地到处遭人袭击，而随着巴厘岛上人口的增加，人侵犯了巴厘虎的生活空间，巴厘虎对人的威胁也进一步增加，许多人就成了巴厘虎的牺牲品。

欧洲殖民者入侵来到巴厘岛后毫不留情的猎杀巴厘虎，他们的这一恶习也传给了当地的印尼人。因为虎皮能在市场上卖个好价钱，人们就肆无忌惮地猎杀巴厘虎。巴厘虎不仅皮毛吸引人，它的骨头在台湾等地也非常受喜爱，常常被用做酒和药材。在人们的欲望面前，所剩不多的巴厘虎简直不是对手。

世界上原有8种虎，现在只剩下5种，而且令人担心的是，那些野生虎能否活到21世纪中期。据记载，最后一只巴厘虎于1937年9月27日在巴厘岛西部的森林里被贪婪成性的猎人射杀。

台湾云豹

界：动物界

门：脊索动物门

亚门：脊椎动物亚门

纲：哺乳纲

目：食肉目

科：猫科

属：云豹属

种：云豹

亚种：台湾云豹

台湾云豹又名乌云豹、荷叶豹、龟纹豹，它主要栖息在亚热带茂密的丛林中，还有沼泽地区。

台湾云豹

台湾云豹比金钱豹小很多，一般体长0.8~1.2米，尾0.7~0.9米，重约20千克，它身上的花纹非常明显，毛色基本是茶色兼灰黄色，头部和四肢有黑色斑点和条纹。身体两侧有大片云块状斑纹，非常漂亮。台湾云豹属于夜行性树栖动物。它白天躲在树上睡觉或隐身于枝叶间，夜晚才出来活动，觅食，很少在地上行走。台湾云豹是爬树能手，爬树时，它那又长又粗的尾巴可起到保持平衡的作用，身上的斑纹在树上是很好的保护色。台湾云豹生性胆小，怯懦怕人，因此在野外很难见到。

台湾云豹在1940年以前尚有几千只左右，但由于云豹的毛皮美观大方，毛质柔软并富有光泽是制作皮衣的上等原料，当时一些欧美人也非常喜欢用云豹的皮毛做的皮衣。云豹的骨头也被人当做中药材。台湾云豹因此遭到了灭顶之灾，被大量捕杀。当时正是台湾现代工业社会迅猛发展的时期，森林被大量砍伐，云豹失去了家园，终日食不果腹，许多最终被饿死了。有些饥不择食的云豹是被一些放有毒药的家禽毒死的。

由于大量捕杀等原因，台湾云豹的数量越来越少了，尽管台湾地区政府在很早以前就对云豹加以保护，但仍有一些利欲熏心的不法分子屡屡盗捕云豹。到了20世纪60年代后期，有专家统计台湾野生云豹不足十只了。可是不法分子仍继续捕杀云豹。

1972 年最后一只台湾云豹倒在了不法分子黑洞洞的枪口之下。遗憾的是，从此人们只能在图片中欣赏美丽的台湾云豹了。台湾云豹永远离开了我们。

知识点

丝绸之路

丝绸之路，简称丝路，是指西汉（公元前206—公元25年）时，由张骞出使西域开辟的以长安（今西安）为起点，经甘肃、新疆，到中亚、西亚，并联结地中海各国的陆上通道。因为由这条路西运的货物中以丝绸制品的影响最大，故得此名（而且有很多丝绸都是中国运的）。其基本走向定于两汉时期，包括南道、中道、北道三条路线。

延伸阅读

世界上最大的哺乳动物：蓝鲸

蓝鲸和其他种类的鲸不同，其他种类显得矮壮，而蓝鲸则身体长锥状，看起来像被拉长。头平呈 U 型，从上嘴唇到背部气孔有明显的脊形突起，嘴巴前端鲸须板密集，大约300个鲸须板（大概1米长）悬于上颚，深入口中约半米。60~90个凹槽（称为腹褶）沿喉部平行于身体。这些皱褶用于大量吞食后排出海水。

蓝鲸背鳍小，只有在下潜过程中短暂可见。背鳍的形状因个体而不同；有些仅有一个刚好可见的隆起，而其他的鳍则非常醒目，为镰型。

背鳍大概位于身体长度的3/4处。当要浮出水面呼吸时，蓝鲸将肩部和气孔区域升出水面，升出水面的程度比其他的大型鲸类（如鳍鲸和鳁鲸）要大得多。这经常可作为识别海洋物种的有用线索。

当呼吸时，如果风平浪静，蓝鲸喷出的一道壮观的垂直水柱（可达 12 米，一般为 9 米）在几千米外都可以看到。蓝鲸的肺容量为 5000 升。

蓝鲸的鳍肢长 3~4 米。上方为灰色，窄边白色。下方全白。头部和尾鳍一般为灰色。但是背部，有时还有鳍肢通常是杂色的。杂色的程度因个体而有明显不同。有些可能全身都是灰色，而其他的则是深蓝，灰色和深蓝色相当程度地混合在一起。

蓝鲸是地球上目前最大的动物。一头成年蓝鲸能长到曾生活在地面上的最大恐龙—长臂龙体重的 2 倍多。

最大的蓝鲸有多重还不确定。大部分的数据取自 20 世纪上半叶南极海域捕杀的蓝鲸，数据由并不精通标准动物测量方法的捕鲸人测得。有记载的最长的鲸为两头雌性，分别为 33.6 米和 33.3 米。但是这些测量的可靠性存在争议。

蓝鲸的头非常大，舌头上能站 50 个人。它的心脏和小汽车一样大。婴儿可以爬过它的动脉，刚生下的蓝鲸幼崽比一头成年象还要重。在其生命的头七个月，幼鲸每天要喝 400 升母乳。幼鲸的生长速度很快，体重每 24 小时增加 90 千克。

新生代灭绝的鸟类

渡渡鸟

界：动物界

门：脊索动物门

亚门：脊椎动物亚门

纲：鸟纲

亚纲：今鸟亚纲

目：鸽形目

科：鸠鸽科

属：渡渡鸟属

种：渡渡鸟

渡渡鸟，或作嘟嘟鸟，又称毛里求斯渡渡鸟、愚鸠、孤鸽，是仅产于印度洋毛里求斯岛上一种不会飞的鸟。这种鸟在被人类发现后仅仅 200 年的时间里，便由于人类的捕杀和人类活动的影响彻底灭绝，堪称是除恐龙之外最著名的已灭绝动物之一。

"渡渡鸟"名称的由来一直存在许多争议。

一种说法认为，这个名称很可能由小

渡渡鸟

鹲鹲的荷兰语名称"dodaars"演变而来，因为这两种鸟尾部的羽毛形状与笨拙的走路姿势非常相似，故很有可能因为相互混淆而取了相同的名字，再逐渐演变而来。但持反对意见者认为，在荷兰这种鸟的取名并不是"渡渡"，而是因为它的肉很难吃，取名为"肮脏之鸟"，而且早在 17 世纪初，英语中就有了"渡渡鸟"这个名称的记载，而荷兰人最早到达毛里求斯却是在那以后的 1638 年。

另一种说法，自然学作家天卫·达曼在他的《渡渡鸟之歌》一书中曾做出的解释，渡渡的叫法是直接取自渡渡鸟叫声的拟声词。

在古往今来的艺术家和画家的演绎下，渡渡鸟有着一个完整的形象。全身羽毛蓝灰色，喙 23 厘米左右，略带黑色，前端有弯钩，带有红点，翅膀短小，双腿粗壮，呈黄色，在臀部有一簇卷起的羽毛。渡渡鸟体型庞大，体重可达 23 千克。

在毛里求斯岛上，渡渡鸟没有任何的天敌，又有着丰富的食物，在长久的自然界的进化过程中，原本能够飞行的渡渡鸟胸部结构也慢慢发生改变以至不足以支撑它的飞行，最终成为人类所见到的只能在陆地上跳跃前行的渡

渡鸟。

对于它们的灭绝，科学家曾描绘出这样一幅画面：16 世纪后期，带着猎枪和猎犬的欧洲人来到了毛里求斯，不会飞又跑不快的渡渡鸟厄运降临。欧洲人来到岛上后，渡渡鸟成了他们主要的食物来源。从这以后，枪打狗咬，鸟飞蛋打，大量的渡渡鸟被捕杀，就连幼鸟和蛋也不能幸免。

开始时，欧洲人每天可以捕杀到几千只到上万只渡渡鸟，可是由于过度的捕杀，很快他们每天捕杀的数量越来越少，有时每天只能打到几只了。17 世纪，荷兰定居者开始开拓殖民地，而渡渡鸟正是在这一时期走向灭绝的。

过往的船只同时带来了大量老鼠，它们疯狂地偷食地面巢穴中的鸟蛋，也在一定程度上加剧了渡渡鸟的灭绝。

1681 年，最后一只渡渡鸟被残忍地杀害。从此，地球上再也见不到渡渡鸟了，除非是在博物馆的标本室和画家的图画中。

渡渡在鸟被人类发现后一百年的时间内，终于彻底地消失了。关于渡渡鸟灭绝的准确时间，大部分学者认为是在 1681 年，但也存在许多其他争论。

澳大利亚皇家植物园的大卫·罗伯茨博士认为，"渡渡鸟的灭绝时间应该是 1662 年。"罗伯茨指出，在 1662 年以前，有历史记载的上一次见到渡渡鸟的时间为 1638 年，在 24 年之前，所以到 17 世纪 60 年代，渡渡鸟的数量很可能已经少之又少。

但是，渡渡鸟专家朱利安·休谟根据一份当时的狩猎记录进行统计学分析，渡渡鸟灭亡的时间应该为 1693 年，更准确一点讲，至少有 95% 的可能性是灭亡于 1688 ~ 1715 年间。最后一只已知的渡渡鸟，是在渡渡鸟这个物种被人类发现后不到一百年的时间内，被人类杀死的。

渡渡鸟的灭绝一开始并没有引起人们太多的关注，直到 1865 年，路易斯·卡罗尔的童话《爱丽丝梦游仙境》中提及了这种善良可爱而又命运悲惨的动物，随着这本书的畅销，渡渡鸟也被越来越多的人知晓。

恐 鸟

界：动物界

门：脊索动物门

纲：鸟纲

总目：古颚总目

目：鸵形目

科：恐鸟科

恐鸟别名泰坦鸟，从新西兰发现的恐鸟"家墓"中，古生物学家获得数以百计的恐鸟骨骼。古生物学家们通过分析它们的躯体构造，认为恐鸟主要吃植物的叶、种子和果实。它们的砂囊里可能有重达 3 千克的石粒帮助磨碎食物。

恐 鸟

巨型恐鸟栖息于丛林中，每次繁殖只产一枚卵，卵可长达 250 毫米，宽达 180 毫米，像特大号的鸵鸟蛋。但它们不造巢，只是把卵产在地面的凹处。

这种鸟是怎样到达新西兰的，人们目前还没有一致的看法。更为有趣的是，恐鸟的羽毛类型，骨胳结构等幼年时的特点直到成鸟还依然存在，古生物学家认为这是一类"持久性幼雏"的鸟。

恐鸟是"一夫一妻"制，它们可以共同生活终生或者在其中一只死去，幸存者才去另寻配偶。它们以夫妻为单位终年栖息在新西兰南部岛屿的原始低地和海岸边林区草地里，以浆果、草籽和根茎为食，有时也采食一些昆虫。由于恐鸟身体庞大，需要大量的食物，因此每对恐鸟都有着自己大片的领地。

恐鸟一般被认为在约 1500 年代左右开始逐渐绝种，虽然有一些报告推测仍然有恐鸟生存在新西兰某个偏僻的角落直到 18 甚至 19 世纪。

过去人们一直认为，这种人类已知的最大的鸟的灭绝是因为人类滥杀的结果，但科学家发现，这种鸟的灭绝责任并不全在人类。

其实，在人类到达新西兰之前，恐鸟的数量就已经开始急剧下降，即使在人类投出第一枝矛之前，恐鸟已早就是当地的一个弱势群体，非常容易受到外部的袭击。

有一个更有说服力的解释是，恐鸟数量急剧下降是疾病流行所致。比如禽流感、沙门氏菌或者肺结核等病的传播，这些疾病是由候鸟从澳大利亚和其他地方带来的。

当然，如果人类没有到达那个地方的话，恐鸟的数量是能够反弹的，由于人类的到来破坏了它们的生存环境以及对恐鸟进行猎杀，使它们的数量进一步下降。

大海雀

界：动物界

门：脊索动物门

纲：鸟纲

目：鸻形目

科：海雀科

属：大海雀属

种：大海雀

大海雀，又称大海燕，因外表和企鹅相似而有时又被称做北极大企鹅，是一种不会飞的鸟，曾广泛存在于大西洋周边的各个岛屿上，但由于人类的大量捕杀而灭绝。

成年大海雀站立高度约 75 厘米，重约 5 千克，最长的翅翎 10 厘米左右，在海雀科体形最大，但不会飞行。它全身以白黑两色为主，形似企鹅，后背为黑色，胸部和腹部为白色。脚趾为黑色，脚趾间的蹼为棕色。喙为黑色并有白色横向纹槽。每只眼睛和喙之间有一小块白色的羽毛。眼睛的虹膜呈红褐色。

幼鸟略有不同，喙上的横向纹槽不明显，在脖子上有黑白混杂的颜色。

大海雀为水生鸟，它可以使用翅膀在水下游泳。通过对芬克岛上残留的大海雀的骨骼研究和依据其形态而进行的生物学推断，它们的食物可能主要为 12~20 厘米的鱼，但偶尔也捕食更大的鱼，甚至超过自身体长的一半，其中大西洋鲱鱼和柳叶鱼可能会尤其受大海雀的欢迎。在陆地上，大海雀行走较为缓慢，在一些起伏的地面上，有时也要用翅膀帮忙。大海雀天敌很少，主要是大型的海洋哺乳动物和一些猛禽，而且它们天生不怕人类。

由于大海雀不会飞行、行走缓慢、不怕人类等种种特性，使它们遭到人类以获取肉、蛋和羽毛为目的的大量屠杀，此外也有一些作为博物馆标本和私人收藏而被捕杀。

大海雀灭绝的最主要原因即人类的屠杀。在斯堪的纳维亚半岛和北美东部地区，宰杀大海雀的记录可追溯至旧石器时代，在加拿大的拉布拉多地区，宰杀大海雀的记录则可追溯至公元 5 世纪。此外，在纽芬兰岛一处公元前 2000 年墓穴的陪葬品中，也曾发现一件由 200 只大海雀皮毛制作成的衣服。

尽管如此，在公元 8 世纪之前，人类对大海雀的宰杀对其整个物种的生存而言，并不构成很大的威胁。

15 世纪开始的小冰河期对大海雀的生存产生了一定的威胁，但大海雀最终灭绝还是由于人类任意捕杀和对其栖息地大面积开发所致，大海雀和大海雀蛋的标本也成为价值昂贵的收藏品。1844 年 7 月 3 日，在冰岛附近的火岛上，最后一对大海雀在孵蛋期间被杀死。虽然后来有人声称 1852 年在纽芬兰岛上又曾发现大海雀，但并未得到证实。

至今约有总计 75 张大海雀皮毛和 75 枚大海雀蛋被存放在各地的博物馆中，另有上千根大海雀的骨骼存世，但仅有寥寥数具完整骨架。

19 世纪 80 年代，小说家查尔斯·金斯莱在他的经典儿童作品《水孩子》中，以讽刺的手笔刻画了一个站在"孤独石"边的大海雀形象。大海雀成了一种神秘的生物，但后世的人们，再也无法目睹它的风采了。

旅　鸽

界：动物界

门：脊索动物门

纲：鸟纲

目：鸽形目

科：鸠鸽科

亚科：鸠鸽亚科

属：旅鸽属

种：旅鸽

旅鸽是一种形体较大的候鸟，曾广泛分布于加拿大七省一岛，数量以亿万计。迁徙时的鸽群可遮天蔽日达数天之久，其声势蔚为壮观。

旅鸽的体长约 32 厘米，长着长长的尖尾。旅鸽通常将巢建在高树上，巢用细枝构成，每产次蛋 1~2 枚。

旅　鸽

大约在 1870 年前后，随着开发北美西部的热潮，人们大量涌入西部，旅鸽的厄运也就从此开始。它们成百万地被棒打枪杀，运到城里销售以获得暴利。在不到 50 年的时间里，旅鸽就踪迹罕见了。

1914 年 9 月的一个下午，最后一只旅鸽"玛莎"在美国俄亥俄州的辛辛那提市动物园里含恨死去，围在它身边的人不由落泪纷纷。

卡罗来纳长尾小鹦鹉

界：动物界

门：脊索动物门

纲：鸟纲

目：鹦形目

科：鹦鹉科

卡罗来纳长尾小鹦鹉在鸟类中也许是最聪明的，它们的智力水平简直可以与黑猩猩和海豚相媲美。

和所有的鹦鹉一样，卡罗来纳长尾小鹦鹉身上的羽毛非常的漂亮，毛色黄绿相间，头部为橙色，额上有一片红色的斑块。

卡罗来纳长尾小鹦鹉体长在 30 厘米左右，尾羽长度差不多占了体长的一半。由于尾巴特别长，使得它在行走时很不方便，所以很少下到地面上活动。

卡罗来纳长尾小鹦鹉曾广泛分布在美国密西西比河流域。在栖息地，一种叫做麦仙翁的植物几乎到处都是，它们是卡罗来纳长尾小鹦鹉的主要食物。

如果卡罗来纳长尾小鹦鹉能就此感到满足，那么今天它们也许依然能在密西西比河流域自由自在地生活着。遗憾的是，聪明的卡罗来纳长尾小鹦鹉生性嘴馋而且又"调皮捣蛋"。它们并不满足麦仙翁单一的口味，总是找到农民种植的各种庄稼，在地里又吃又闹，把庄稼弄得一片狼藉。在梨和苹果刚刚挂果的时候，它们往往就迫不及待地飞临果园，在那里大肆啄食一个又一个幼果。

由于卡罗来纳长尾小鹦鹉的种种"不良行为"，它们被当地农民视为"坏蛋"。终于有一天，农民们再也顾不得它们美丽和聪明了，他们用枪向卡罗来纳长尾小鹦鹉表明谁是地球的真正主宰以及漠视人类的下场。

卡罗来纳长尾小鹦鹉智力超群，食物来源丰富，而且还有一身美丽的羽毛，却因为"调皮捣蛋"而导致走向灭亡。这不能不说是卡罗来纳长尾小鹦鹉和人类共同的悲哀。

卡罗来纳长尾小鹦鹉，1920 年灭绝。

所罗门冕鸽

界：动物界

门：脊索动物门

纲：鸟纲

目：鸽形目

科：鸠鸽科

种：所罗门冕鸽

所罗门冕鸽是世界上最著名的鸽之一。它们长约 30 厘米，大小如鸡。头上有深蓝色的冠，前额及面部呈黑色，头部其他部分散布一些红色的羽毛。翕及胸部呈深蓝色，背部下方呈褐色。

所罗门冕鸽

所罗门冕鸽的双翼及臀部呈橄榄褐色，尾巴呈深褐色及带有紫色，腹部呈栗褐色，喙的上面呈黑色，下面呈红色，双脚呈紫红色。雄性与雌性之间是否有分别则不明。

所罗门冕鸽在 1904 年被发现，当时射杀了 6 只所罗门冕鸽，并交与位于特灵的沃尔特·罗思柴尔德动物学博物馆。另外亦采集了一只所罗门冕鸽的蛋。

罗思柴尔德将 5 个所罗门冕鸽的毛皮售与纽约的美国自然历史博物馆。于 1927 年及 1929 年的旅程中没有再发现标本，估计它们是被人类猎杀及被猫与狗掠食而灭绝。

知识点

《爱丽丝梦游仙境》

《爱丽丝梦游仙境》（又名爱丽丝漫游奇境）是英国作家查尔斯·路德维希·道奇森以笔名路易斯·卡罗于 1865 年出版的儿童文学作品。

故事叙述一个名叫爱丽丝的女孩从兔子洞进入一处神奇国度，遇到许多会讲话的生物以及像人一般活动的纸牌，最后发现原来是一场梦。

该书出版之后即广受欢迎，儿童和成人都喜爱这部作品，并且反复再版至今。至今已有超过五十种语言的译本，上百种不同版本，以及许多戏剧、电影等改编作品。

延伸阅读

世界最小的鸟：蜂鸟

蜂鸟是雨燕目蜂鸟科动物约 600 种的统称，是世界上已知最小的鸟类。

蜂鸟体强，肌肉强健，翅桨片状，甚长，能敏捷地上下飞、侧飞和倒飞，还能原位不动地停留在花前取食花蜜和昆虫。体羽稀疏，外表鳞片状，常显金属光泽。少数种雌雄外形相似，但大多数种雌雄有差异。后一类的雄鸟有各种漂亮的装饰。颈部有虹彩围涎状羽毛，颜色各异。其他特异之处是由冠和翼羽的短粗羽轴，抹刀形、金属丝状或旗形尾状，大腿上有蓬松的羽毛丛（常为白色）。嘴细长，适于从花中吸蜜。

蜂鸟飞行时，翅膀的振动频率非常快，每秒钟在 50 次以上，它能飞到四五千米的高空中，速度可以达到每小时 50 千米，因此人们很难看到它们。最令人吃惊的是，蜂鸟的心跳特别快，每分钟达到 615 次。另外，有些蜂鸟有迁徙的习惯。

多数种类的蜂鸟不结对，而紫耳蜂鸟和少数其他种类则成对生活，并且由两性共同育雏。大多数种类的雄鸟都以猛飞猛冲的方式保卫占区（占区是它向过路雌鸟炫耀的场所）。

蜂鸟居住的范围十分广阔，从高达 4000 米的安第斯山地一直到亚马孙河的热带雨林，有的蜂鸟生活在干旱的灌木丛林，也有蜂鸟生活在潮湿的沼泽地。